ロボット工学者が考える「嫌なロボット」の作り方

ヒューマンエージェントインタラクションの思想

松井哲也

青土社

ロボット工学者が考える「嫌なロボット」の作り方

目次

ロボット工学者が考える「嫌なロボット」の作り方
ヒューマンエージェントインタラクションの思想

はじめに

私は人工知能やロボット工学の分野で研究活動を行っている。

しかし、本書ではこの分野について一般的に関連として扱われるであろうトピック――機械学習、パターン認識、人体模倣、制御工学といった話題には、ほとんど掘り下げては触れていない。

私が携わっている分野は、ヒューマンエージェントインタラクション（Human Agent Interaction、本書では基本的に略称であるＨＡＩを使う）と呼ばれる、比較的新しい研究分野である。これはひとまず簡単に言えば、ロボットや人工知能と、それを使う人間とのかかわりあいに焦点を当て、よりよいロボットや人工知能のデザインを考えようとする工学の一分野である。個別の研究においては、もちろん機械学習をはじめとする要素技術が大きな役割を果たしているのだが、本書の目的はそこを論じることにはない。

私が本書で論じたいのは、より俯瞰的にＨＡＩ分野全体を見た時に見出せる、現在のこの分野の研究活動全体が持っている傾向と、それへの疑問や懸念である。

現在、ＨＡＩという言葉自体、一般的にはまだ広まってはいないが、ロボットや人工知能を使ったシステムの社会実装は日ごとに推進されている。よって、本書のトピックは専門外の方にとっても、決して他人事ではないはずである。

では、私が論じたい「懸念」とは何か。それは、ＨＡＩが「他者の工学」という側面を持っているにもかかわらず、その他者を頑健なモデルによってのみ規定しよう、もしくは社会規範を私たちと共有できるようなものとして開発しようという姿勢が、分野内に広く蔓延していることである。このような他者への志向は、そもそもロボットや人工知能研究とは古くから相性がよいものであった。これらの分野では、主に現象学をベースとして、「私」にとって理解可能・対話可能な存在としての「他者」を想定し、それを技術によって再現しようと試みてきたのである。

言い換えると、ロボットを使うのであれば、人はそのロボットの発話や動きについて完璧に脳内でシミュレーションできないといけない、少なくとも潜在的にそのような可能性を持っていないといけない、というのが、ＨＡＩ分野を現在支配しているドグマである。

本書では、ＨＡＩ分野の内側にいる研究者である私の立場から、あえてこのドグマを否定してみたいと思う。すなわち、理解できない、予測できない、完全なモデル化ができない他者こそが真の意味での「他者」ではないか、そのような他者を作ることこそがこの分野の役割ではないかと論じてみたい。

なぜそのような捻くれた主張をするのかと問われれば、それが「工学的に役に立つ」、すなわち人間や社会に対してポジティブな影響をもたらすことができると信じるからだ。この「工学的に役に立つ」というのが、本書のキーワードの一つである。私がこの小著で論じたいのは、単なる思考実験や科学技術論に留まるものではなく、あくまで実際にロボットや人工知能を開発する際のデザインメソッドに接続しうる議論である。

さらに、より大きく、現在日本の社会全体に広まっているある傾向についても俎上に載せてみた。それは一口で言えば、「多量のデータを集めて、正しい論理に従って分析すれば、ただ一つの正しい解が得られる」という信念である。これを本書では「データ→ロジック→トゥルース」と呼ぶことにしたい。

この信念には、いくつかの前提が含まれている。「データは多ければ多いほどよい」という信念、「正しい論理はただ一つしかなく、それを適応すれば常に正しい解が得られる」という信念、「正解はただ一つしかない」という信念などである。本書では、これらがいずれも相対的な信念に過ぎないことも論じ、そしてロボットやＡＩが、これらの信念を揺らがせる存在になりうることを示したい。

全く理解不可能な「外部の他者」という概念を考えるために、本書ではロボット工学や人工知能研究、情報工学のみからの検討にとどまらず、あえて私にとっては専門外である哲学や文化人類学、歴史・宗教といったテーマにも踏み込んだ部分がある。それは、このようなテーマが「工学的実装・社会的実用化」という視点からこの問題を論じるに当たって、避けては通れない部分であったからだ。

中でも私にとって、大きな着想源となったものについて触れておきたい。その一つはフランス生まれでアメリカを拠点に活動している異色の情報工学者ジャック・ヴァレの、ＵＦＯ（未確認飛行物体）に関する一連の研究である。ヴァレは巷間で信じられているＵＦＯ＝異星人の乗り物という説を否定し、同時に現代のＵＦＯ搭乗員遭遇譚と、かつての欧州における妖精遭遇譚との間に数多くの共通点が見られることを示した。すなわち、この二つは「外部からこの世界にやってきた何か」と遭遇したという経験の、それぞれ別の形での顕現ではないか、と（聞くところによると、その後ヴァレの考えはさらに変化し、現在では全く異なったUFO観を持っているようであるが）。

もう一つは、民俗学者・小松和彦の「神隠し」論である。小松は、「神隠し」には失踪事件における人間世界での責任追及を無効化し、「神の仕業・天狗の仕業だから」という理由で人々を納得させるという機能があったと説く。私たちの世界の外側に、人間世界とは全く別の論理に支配された「外部」があり、そこからやってくる何者かが責任を引き受けてくれる――私の研究のモチベーションの一つは、このような「外部の他者」を、ロボット・AIを用いて現代に再臨させられないかということである。実際、そのような他者としてのロボット・AIをデザインすることが可能なのではないかと考えている。

私はこれまで、主に教育分野や商品のレコメンドシステムで使用されるロボットやバーチャルエージェントの研究を行いながら、並行してこのテーマについて考えてきた。そして、同様の関心を持つHAI関連の研究者の仲間も得ることができた。一方で、HAI研究分野における「頑健な他者モデル」信奉はますます勢いをますばかりだという懸念を持っている。そこで、本書を世に問うべく筆を執った。

私は、ロボットや人工知能は「異界」へと人間を導いてくれうる存在であると考えている。本書が読者にとっても、異界への扉となりうることを願いたい。

第1章　他者の工学

1　ＨＡＩ――他者の工学

「はじめに」でも触れたが、私はヒューマンエージェントインタラクション（以下、基本的にＨＡＩと略す）と呼ばれる情報工学の分野で、研究活動を行っている。

一般の方にとってはあまり聞き慣れない言葉であろう。これは一体何を研究する分野なのかと言われた時、私は「他者の工学」であると答えることにしている。これは、これらの分野が他者の哲学・他者の科学に連なる領域であることを意識した説明である。[★1]

具体的に説明しよう。ここではわかりやすくするため、「ヒューマンエージェントインタラクション」という分野名に含まれている言葉を順に見ていくことにする。

まず、「ヒューマン」は言うまでもなく人間である。

次の「エージェント」は、辞書で引くと「代理人」だとか「仲介人」だとかといった意味で載っている。

情報工学においては「エージェント」という言葉が差す範囲はもっとずっと広く、教科書的な定義を言えば「人間に代わって、ある決められた役割をこなすシステム」ということになる。

身近なところで言えば、「ｂｏｔ」と呼ばれる、ＳＮＳ上でまるで人間であるかのように投稿を行う自律システムなどが代表例だ。他にも、オンライン上での買い物、ウイルスや怪しいアクセスの検出、メールの送受信、ゲームにおける対戦相手役など、本来は人間がやるような仕事を代わりにやってくれるシステムがエージェントである。これには人工知能技術が大きく貢献している。そのため本書ではこのようなエージェントは「ＡＩシステム」と呼ぶことにしよう。

しかし、実は「ヒューマンエージェントインタラクション」の「エージェント」が指す言葉は、この「ＡＩシステム」だけにとどまらない。一言で言えば、自律的に何らかの動作を行う――もしくは、「そのように見える」ものは全て「エージェント」という括りで捉えられるのだ。

実際の研究において、最もよく使われるのはロボットである。ロボットはまさに自律的に何らかの仕事を行うシステム――というよりもマシンだ。なお、本書では何らかの知的処理を行うためのプログラムを「ＡＩ」もしくは「人工知能」、それを実装していて、かつ物理的な本体と機械的な動作システムを有している機械を「ロボット」と呼ぶことにする。言い換えれば、ロボットとは身体と手足を備えたＡＩだ。一方、ロボットとよく似た使われ方をするが、ロボットと違って物質的な身体を持たないエージェントもいる。これがバーチャルエージェントだ。一般的には「バーチャルキャラクター」と呼ばれる。「初音ミク」や「キズナアイ」を思い浮かべてもらうのが手っ取り早いだろう。

これらは人工的に作られたエージェントだが、「自律的に何らかの動作を行う――もしくは、「そのように見える」もの」は別に人工物だけではない。例えば動物だってそうだろう。実際、ＨＡＩの中には人と動物の関係を扱う研究も含まれる。「人間」だってもちろんエージェントの一種だ。

そしてＨＡＩにおける「エージェント」の概念は、実際に「自律的に何らかの動作を行う」だけではなく、「そのように見える」ものも含まれる、という点が重要なポイントである。このために、例えば幽霊や妖怪、神のような（おそらくは）実在しないものについても研究対象にできるのである。ここで、「自律的に何らかの動作を行う」という定義を、「心を持っている」と言い換えてもよいだろう。

極端な話、あなたがその辺の道ばたで拾ってきた石に対して、その石が心を持っているかのようにどうしても感じられるとしたら、その石はＨＡＩが扱う「エージェント」の定義を立派に満たすことになる。

このように考えると、「エージェント」の訳語は難しいが、「他者」と呼ぶのが最も適切だろう。ここでいう「他者」については次節で詳しく説明する。

続いて「インタラクション」の説明に移ろう。これまた情報工学における辞書的な定義を用いれば、「人間とエージェントが、相互に影響を及ぼし合うこと」である。

例えば、現代を生きる私たちの大多数は、日常的にパソコンやスマホとの「インタラクション」を行っている（パソコンやスマホもエージェントの一種であることはおわかりいただけるだろう）。私はいま、ノートパソコンを開いてキーボードから文字を打ち込んでこの文章を書いている。そして、ディスプレイに表示された文章を見て、次の文章をどうしようかと考えている。このように、人間と他者が相互に影響を及ぼし合うことがインタラクションだ。

長々と説明してきたが、要するにＨＡＩとは「人間と、心があるもの（もしくはそのように見えるもの）が互いに影響を及ぼし合うシステムの研究」と言っていいだろう。

ロボットと会話をする。

バーチャルエージェントが使われているオンラインショッピングサイトで買い物をする。

他の人間と話したり、ペットの犬の世話をしたりする。
あるいは、自分だけは心があると信じているクマのぬいぐるみと、こっそりお話をする。
これらはいずれもHAIの扱う範疇である。

最後に強調しないといけないのは、HAIとはあくまで「工学」の一分野であるということだ。

工学とは、基本的には、人間の生活に役に立つものを生み出すことを目指す学問領域である。例えば一九九八年に、国立大学の工学部を中心とした「工学における教育プログラムに関する検討委員会」から出された定義では、「数学と自然科学を基礎とし、ときには人文社会科学の知見を用いて、公共の安全、健康、福祉のために有用な事物や快適な環境を構築することを目的とする学問」とされている。

なので、一見「他者」との「インタラクション」を扱っているようでも、実際に他者とのやり取りの中で生じる心理的・生理的・脳科学的なメカニズムを客観的に分析するのは、心理学や生理学といった科学（理学）の領域である。一方、HAIでは、単に現象を分析したり新しい現象を発見したりすることだけではなく、そのような知見を踏まえて、社会をよりよくしていくこと、例えば「よりユーザに受け入れられるロボット・人工知能を設計する」といったことを目指している。

これが、私がＨＡＩを「他者の工学」と呼ぶ所以である。

2　ＨＡＩに至る道のり

なぜ工学者が「他者」を研究対象にする必要が生じたのか、疑問に思う人も多いだろう。そこでまずは、ＨＡＩという言葉の起源から、簡単に歴史を振り返ってみたい。

そもそもＨＡＩに先行する研究分野としては、まずヒューマンコンピュータインタラクション（Human Computer Interaction：HCI）がある。これは人間（ユーザ）とコンピュータの関係に着目した工学の一分野であり、基本的には「人間にとってより使いやすいコンピュータ」のデザイン論を考えるもので、ヒューマンインタフェース研究やプロダクトデザイン研究にも通じる。

このような視点自体はコンピュータが開発された初期からあっただろうが、心理学や認知科学の知見も取り入れた、独自の理論的背景を持つ一分野としてＨＣＩが確立したのは、おおよそ一九八〇年代のことである。ＨＣＩという言葉が初めて使われたのは、一九八三年に出版された*The Psychology of Human-Computer Interaction*であるとされる[★2]。ここにおいて、計算機としての性能を上げるという視点とは異なる計算機科学の潮流が発生した（どこが違うのかは、後の節でより詳しく述べる）。

ヒューマンロボットインタラクション（Human Robot Interaction：HRI）は、このＨＣＩの一分野であると同時に、ロボット工学の流れをも組む分野である。これは、人間とロボットとのインタラクションを対象とする研究分野である。なお、研究対象の範囲の広さを比較すれば、ＨＡＩの中でも特にロボットに特化した分野がＨＲＩということになる。すなわち、ＨＲＩはＨＡＩの一分野であると捉えることもできるが、歴史的にはＨＲＩのほうがずっと古く、ＨＡＩはＨＲＩを拡張することで形成された分野である。なお本書では、ＨＡＩとＨＲＩを区別しない場合、この二つをまとめて「インタラクション研究」と呼ぶことにしたい。

さて、ＨＲＩがＨＣＩの一分野であるというのは、ＨＣＩと同じく心理学や認知科学の知見をベースとし、ユーザの心内のモデルを重視していることによる。ロボット研究、特にヒューマノイドロボット研究は、その初期から人間とのインタラクションを対象とするという性質を持っていたため、いつからHRIという分野が確立したかを確定するのは難しい。ただし、基本的には一九八〇年代頃、HCIの確立と同時に、その研究姿勢がロボット工学に取り入れられたことによって生まれたと見ていいだろう。

HAIに先行するこれらHRIやHCIは、主に欧米の研究者らが中心となって研究が進められてきた分野である。一方、HAIは先述のように、日本人研究者が中心となって提唱された分野である。

さて、いささか駆け足で、HAIという言葉の成立について見てきた。それでは、なぜこのような分野が必要とされたのだろうか。そして、なぜこれが日本で始まったのだろうか。この点について解説しようとすれば、本来であれば人工知能研究とロボット工学の歴史、特に第一次から第三次に至る「AIブーム」について解説しなければいけないだろう。だが、何しろこれらに関しては、すでにいくつもの優れた解説書がある。[★3] それらを引き写すだけではあまりに芸がないため、ここでは私なりの視点で再構成した歴史を語らせていただきたい。

「人と対話できるヒューマノイドロボット」を開発することを目指した人類の歴史は、大きくわけて「人工知能」と「人体模倣」という二つの大きな流れの交錯として読むことができるだろう。

一九五六年のダートマス会議[★4]で本格的に誕生したとされる「人工知能」という研究分野は、ごく初期には人間と同じような「知性」を計算機で再現することを目指していたが、ほどなくして「人間が知性を使って行っているとされる活動を、部分的にサポートできるシステム」の開発という、より現実的とされた方向に舵を切った。一九八〇年代の第二次AIブームを象徴するとされる「エキスパートシステム」はその代表的な成果とされる。これは、健康や法律など、本来専門的な知識が必要とされる質問に、専門家に代わってAIが答えることができるシステムである。その原理をごく乱暴に言ってしまえば、あらかじめその専門分野に関する莫大な知識のデータベースを構築しておき、そのデータベースの中から質問に対する回答を探しだす、というものである。

一方の人体模倣分野は、より人間に近い身体の動きを再現できる素材やアクチエーター、人工関節などを開発する分野である。この分野でもやはり、人間そのものを再現するという方向性から、腕や手などの一部分を再現するという目的に特化した研究へと進み、工業用ロボットなどの分野において、産業の歴史そのものを変えるほどの成果を上げた。

このようにして開発された人工知能と人体模倣技術を組み合わせれば、まさに「人工人間」、すなわちロボットが実現できるのではないか、ということは誰でも考えるだろう。実際、ヒューマノイドロボット研究は長い間、決して人工知能分野でもロボット研究分野でも主流になることはなかったが、絶えることなく研究は続けられていた。

かくして二つの大きな流れが合流し、ある程度は人間にそっくりなヒューマノイドロボットを現実に作ることが可能になった時に、三つ目の流れとして生まれたのが、ＨＣＩの影響下に生まれたＨＲＩ、すなわちインタラクション研究分野である。この分野の大きな特徴は、ロボットそのものではなく、「ユーザ（人間）の内部状態」もしくは「ユーザとロボットが共に生み出すコミュニケーション」を研究対象に取り上げたことである。

この背景として、ここまで述べたような人工知能・人体模倣技術双方の発展、ＨＣＩという先行領域の存在と併せて、一九七〇年代に起きた「人文科学の言語論的転回」の影響を指摘しておきたい。★5 これはそれまでの人文科学が、様々な社会的・文化的概念を、自然科学の対象と同じような意味で「実在」するものと見なして、それらを起点とする因果関係を分析するという「実証主義」を取っていたのに対して、そのような社会的・文化的概念は人為的な構成物に過ぎないと看破した上で、現にいま・ここにある現象を意味づける文脈を考察するという、「解釈主義」への転向を志したものである。

人間と対話ロボットのインタラクションという研究対象は、まさにこの解釈主義的な研究手法にうまくマッチするものだ。ロボットおよび人間の内部で何らかの処理が行われて、その結果として対話という出力が生じている……という実証主義的なアプローチで、無限に存在するともいえるインタラクションの全てを記述することは到底手におえない。それより、まず「インタラクションがいま・ここにある」という事実から出発して、その社会的・文化的意味付けを考えるという解釈主義的研究手法のほうが、遥かに発展性がある。HRIという分野が確立されたのが、人文科学の言語論的転回の直後である一九八〇年代なのは、決して偶然ではないだろう。

ところで、現在において人工知能研究の始祖とされるのは、イギリスの計算機科学者のアラン・チューリングである。チューリングマシンに代表されるその技術面での功績については他の概説書を読んでほしいが、ここでは彼はインタラクション研究という文脈においても極めて先駆的な研究を残していることを論じておきたい。それは、有名なチューリングテストだ。

彼は、コンピュータが知性を持っているかどうかの判定方法として、コンピュータと人間とを対話させて、その人間が自分の対話相手を人間なのかコンピュータなのか判別ができなければ、そのコンピュータには知性があると見なせると唱えた。彼はコンピュータの内部状態は一切考慮せず、コンピュータと人間との間に生まれるインタラクションこそが「知性」の存在を示す本質であると指摘したのである。チューリングがこのチューリングテストを唱えたのは一九五〇年である。彼こそは、インタラクション研究という解釈主義的AI研究の先駆者でもあった。★6

3 日本のHAI

人工知能研究の歴史はほぼ一貫して欧米が中心であり、HCIもHRIも欧米で生まれた分野である。このような流れの中で、HAIは日本人が中心となって日本で生まれたという点で注目されることは前節で論じたとおりである。

どのようにして先行分野からHAIが生まれたのかを見るために、HAIの確立（国内会議HAIシンポジウムおよび国際会議HAIの立ち上げ）に深くかかわった研究者の一人である、国立情報学研究所の山田誠二のインタビューを見てみよう。★7 山田は、HAIとHCI、HRIとの大きな違いとして、以下のように語っている。

ＨＣＩはエージェントで何とかしようという指向性はないです。エージェントなんて使っていない研究がほとんどです。ですから、そこにエージェントにこだわって、エージェントのＵＩ[★8]が良いんじゃないかという信念のもとでやっているのがＨＡＩです。［…］ＨＲＩとの違いですが、これは結構微妙ではあるのですが、ＨＡＩのＡはバーチャルエージェントだけではなく、ロボットや人間も含みます。つまり、ヒューマンヒューマンインタラクションもＨＡＩの対象としています。ＨＲＩとの一番大きな違いは、物理的身体をもたないバーチャルエージェントも積極的に使うという点です。

これを見ると、少なくとも山田の認識としては、コンピュータのインタフェースとしてのエージェント、それもマテリアル性（物理的身体）を持たない存在も含んだ広い意味でのエージェントという概念を、問題解決のために導入するというのが、ＨＡＩの立ち上げ時の理論的背景にあったとうかがえる。

この、「エージェントを使うことの利点」をめぐる視点は、ＨＡＩにおける大きな特徴である。例えば、居酒屋で接客をするロボットなどを見ると、「別にロボットじゃなくても、タッチパネルでも置いておけばいいじゃないか」などと言う人もいる。しかし実際には、ロボットやエージェントであるからこその利点は多数存在する。その実例は、これから本書の中でも見ていこう。

日本人研究者が、ＨＡＩ分野でどんな研究を行ってきたかを見るためには、ＨＡＩシンポジウムの演題を見てみるのが手っ取り早いだろう。そこには研究の歴史が現れているはずだ。

現在ＨＡＩ分野の国際会議としてはInternational Conference on Human-Agent Interaction（HAI）が、また国内会議として私も実行委員を務めるＨＡＩシンポジウムが、毎年一回開催されている。前者のInternational Conference on HAIは、ほぼ日本人研究者によって立ち上げられた国際会議である。

さて、ＨＡＩシンポジウムのウェブサイトで過去の演題を見てみると、初期にはロボットを対象とした実験的研究が目立ち、初期のＨＡＩがＨＲＩを中核としていたことがうかがえる。

それが徐々に、バーチャルエージェントやアバタ、人間同士の場合など、ロボット以外の多様なエージェントを対象とした研究が増えていった。ＨＡＩにおける「エージェント」概念の拡張が、本格的に始まったと言える。

ここで、ロボットではなくバーチャルエージェントを使うことの利点について触れておこう。バーチャルエージェントは物理的な身体を持たない分、実機ロボットと比較して「存在感」が薄くなり、それがマイナスに作用する場合もあるとされる。一方で、ロボットのような物理的・機械的な制約がないことが大きな武器だ。例えば、ロボットだと顔の表情を人間そっくりに変化させたりするのはなかなか大変だが、バーチャルエージェントでは比較的簡単に実装できる。マンガやアニメのキャラクターにそっくりなエージェントや、様々な動物の姿をしたエージェントだって自由自在に作れる。

このようなバーチャルエージェントの利点と、物理的な身体を持つというロボットの利点を兼ね備えたシステムも提案されている。あるロボットと、一見するとロボットにそっくりなバーチャルエージェントとを併用して、両者がまるで同一の人格を持っているかのように振舞うシステムだ。これは身体と人格が一対一に対応しているという、私たちの固定観念を逆手に取った工学的仕掛けとも言えるだろう。例えば、筑波大学の大澤博隆、北海道大学の小野哲雄といった研究者によって、このようなロボット・バーチャルエージェントハイブリッドなシステムが提案されている。

このような実験的・技術提案的な研究に加えて、二〇一〇年前後から目立ってきたのが理論面での研究である。当初のHAIは、ある技術を提案し、その効果を実証するという、個別的・具体的な研究を積み重ねていた。この蓄積を踏まえて、人とエージェントとのインタラクション一般について記述可能なモデルを提案しようというのが、大きなテーマの一つである。後に詳しく述べる「他者モデル」は、その代表的なモデルの一つである。

理論的研究のもう一つの軸として、倫理学・法学との境界領域に相当する研究がある。つまり、ロボットや人工知能を「他者」として扱うことによって生じる倫理的問題、および法的な課題を考察するものだ。この領域の研究は二〇一〇年以降、加速度的に勢いを増している。その背景には、深層学習による人工知能の演算能力の飛躍的向上と社会実装の進展がある。いわゆる第三次ＡＩブームである。

周知のように、自動運転車が実用化されたり、企業が人材採用の過程で人工知能を用いていることが問題化したりと、人工知能が人間の行動や意思決定をサポートする割合は増えてきている。将来的には、例えば自律型ヒューマノイドロボットが誤作動によって人間を死傷させるといったケースも起こりうるだろう。その時、法的に一体誰が責任を負うべきなのか。あるいは、一般社会において、その場合誰が責任を負うべきだと見なされるのか。このような問題にまつわる議論を体系化して理論的枠組みを提案することを目指すのがこの領域である。なお、ここで問題になるのはあくまで人間側の心理や制度の問題であり、ロボットが人間の制御を超えて暴走するかもしれないなどといった、いわゆるシンギュラリティ論とは別問題であることは強調しておきたい。

こうして見ていくと、日本におけるＨＡＩ研究は、ロボットを用いた個別的な実験的研究からスタートし、その「エージェント」が含む概念を拡張させ、それに伴って生じる問題に対処するための理論を提案する、といった形で発展してきたことがわかる。この「エージェント」概念の拡張の結果、ついに「神」や「妖怪」といったものまでもがＨＡＩの俎上に載せられるようになった。これについては次章で詳しく見ていきたい。

「なぜＨＡＩが日本で生まれたのか」は、今後科学史的にアプローチされるべき問題だろう。上述のように、ＨＣＩやＨＲＩは欧米で生まれて発展した分野であるし、そもそも人工知能やロボットが生まれたのも欧米である。ただし、ロボットと人間の関係という研究テーマにおいては、かなり初期から日本人研究者が重要な役割を果たしてきたのも事実だ。さらに、HondaのASIMOやSonyのAIBOに象徴されるコンパニオンロボット文化、アニメやゲームキャラクターの人気の高さなども背景にあるかもしれない。しかし、これらは必ずしも日本だけの特徴とは言い切れない。ましてや、「日本人のアニミズム的な自然観がＨＡＩと親和性が高かったのだ」などというような、日本特殊論に基づく説明は、私は全く支持することができない。

ここまでで、ＨＡＩとはどのような問題をどのように解決しようとする分野であるか、なんとなくでもおわかりいただけただろうか。実際のところ、ＨＡＩは人工知能関連分野の中でも、近年の発展が目覚ましい分野の一つである。しかし、私の立場から見ると、そこにはある懸念が存在する。次章から、その懸念について考えていきたい。

★1　ＨＡＩおよびインタラクション研究のより一般的な概説としては、山田誠二＋小野哲雄『マインドインタラクション――ＡＩ学者が考える《ココロ》のエージェント』（近代科学社、二〇一九年）、今井倫太『インタラクションの認知科学』（新曜社、二〇一八年）がある。

★2　Stuart K. Card, Thomas P. Moran, Allen Newell(1983), *The Psychology of Human Computer Interaction*, Lawrence Erlbaum Associates.

★3　J・フィンレー＋A・ディックス『人工知能入門――歴史、哲学、基礎・応用技術』（新田克己＋片上大輔訳、サイエンス社、二〇〇六年）、アナ・マトロニック『ロボットの歴史を作ったロボット100（NATIONAL GEOGRAPHIC）』（片山美佳子訳、日経ナショナルジオグラフィック社、二〇一七年）など。

★4　一九五六年七月から八月にかけてダートマス大学で開催された計算機科学を中心とした学際的な会議で、人工知能という研究分野の確立・起点となったと位置づけられる。著名な出席者にジョン・マッカーシー、クロード・シャノン、マービン・ミンスキー、ハーバート・サイモンなどがいる。

★5　隠岐さや香『文系と理系はなぜ分かれたのか』（星海社新書、二〇一八年）。

★6　Saygin, Ayse Pinar, Ilyas Cicekli and Varol Akman(2000), "Turing Test: 50 Years Later", *Minds and Machines* 10: 463-518.

★7　津村賢宏＋西村優佑「学生フォーラム〔第102回〕山田誠二先生インタビュー「遣唐使にはなるな」」『人工知能』第三五巻五号、二〇二〇年、七三二―七三四頁。

★8　ユーザインタフェース。機械の中で、人間と機械が直接情報をやりとりする機能を持つ部分で、具体的にはディスプレイやキーボードなどを指す。

第2章　異類の工学

1　異類としてのロボット

現在のＨＡＩの大きな特徴を一つ挙げるなら、工学でありながら「異類」を研究対象にしようとしているという点となる。「異類」とは、本書では人間や動物など、私たちのよく知っているものではない、それどころか実在性すらも科学的には認められていないエージェント——妖怪、幽霊、異星人、妖精、そして神などを指す。

言い換えれば、ＨＡＩにおいて、ついに工学は「異類」をその俎上に載せたと言ってもいいだろう。

例えば、「神」を扱っているＨＡＩ研究もいくつかある。[★1] 従来の宗教研究や文化人類学的な研究との差異は、あくまで工学的な視点に立って、実験をベースとして研究を行っている点である。なお、念のために付け加えておくと、このような研究に携わっている研究者が、必ずしも神や異類の「実在」を主張しているわけではない。

ここで、なぜ異類がＨＡＩの対象となるのか、不思議に思う人も多いだろう。その理由を一言で言うならば、ロボットやＡＩも「異類」の一種に他ならないからである。

例えば、ロボットが「お腹が空いたなあ」などと発言する、というシーンを想像してみてほしい。

ロボットとはプログラムに従って動く機械に過ぎないと考える人は、「ロボットはお腹が空くわけがない」と判断するだろう。一方、ロボットを完全に擬人化して捉えている人は、「まあ、ロボットも人間と同じくお腹が空くだろう」と納得するだろう。

しかし、このどちらの意見にも完全には納得できないという人も多いはずだ。それこそが、人間がロボットやAIを、「人間（生物）」と「機械」のどちらでもない、と認識している証拠である。後述するが、このことは心理学的な研究においても確かめられており、しかも文化の違いを超えて普遍的に見られる傾向である。

なるほど確かに、完全に物理主義的に見れば、ロボットとはプログラムに従って制御されて動く自動機械に他ならないだろう。しかし、それは人間がロボットを見る視点の一つでしかないのだ。

本書でも、これから私は、ロボットやAIの「異類性」こそが、私たちにとってキーポイントとなることを論じていきたいと思う。多くの研究者が、HAIの枠組みの中で「異類」に着目しているのも、それが理由の一つだ。

ただし、「異類」という概念自体が、工学的アプローチにそぐわないという問題があるのは見過ごせないだろう。工学では、対象をまずしっかりと定義づけすることが重要だ。では、「異類」の定義とは何だろうか？　よく考えてみれば、そもそものような定義ができないことこそが、「異類」の「異類」たる理由ではないのか？

さらに、「神」を扱う研究については、それに従事している多くが日本人研究者であることに起因する問題がある。ロボットやＡＩが生まれた西欧圏における「神」、すなわちセム的一神教における人格神と、日本人に身近なアニミズム的な土着の神とでは、他者としてかなりの違いがある。ところが、多くの研究ではこの点が見過ごされているのだ。この問題については、本書の後半でもう一度検討したい。

2　「他者モデル」の登場

さて、「他者」と聞けば、哲学における他者論を想起する人も多いだろう。

二〇世紀以降の哲学における他者論とは、「この私とは全く別個の存在である何者か」を考え続けていくことであった。代表的な論者として、マルティン・ブーバー、エマニュエル・レヴィナス、ジル・ドゥルーズ、トマス・ネーゲルといった思想家の名前が挙げられる。

しかし、現状のＨＡＩ研究では、彼らが論じたような「この私と全く別個の他者」について論じられることはほとんどない。

現在、ＨＡＩ研究者の間で支配的な研究プロセスは「他者モデル」というものを想定することである。これは、「人間誰もが心の中に持っている他者のモデル」である。

まず少し歴史的な話をすると、この元になっている理論は心理学における「メンタルモデル」である。★2 人間は誰でも、例えば「雨が降れば、服が濡れる」「空中でコップを手から離せば、コップが落ちる」といったように、「○○をすれば××が起きる」といった、現実世界を単純化したモデルを心の中に持っていて、それによって日々困らずに生活を送れる、とするのがメンタルモデル理論である。

そしてコンピュータ研究においても、このメンタルモデルが導入されて大きな影響を与えた。★3 人間はコンピュータを使う時、まず「このコンピュータは、自分がこのボタンを押せばこういう画面を表示するはずだな」といった仮説を持ってボタンを押す。しかし、実際にはそう予想通りにコンピュータが動いてくれなかったりする。その度に、人間は自分の中のコンピュータの「メンタルモデル」を更新する……。

「他者モデル」とは、このような考え方を「他者」にまで拡張したものである。

工学の一分野であるＨＡＩにおいて「他者モデル」が重要視されるのは、ひとえにそれが「工学的に役に立つ」から、という発想に基づいている。そして、他者モデルは数学的に記述できるものであり、ということは手間さえかければプログラミングができるものである。ロボットなりバーチャルエージェントなりにこの「他者モデル」をプログラミングして実装すれば、他者を認識可能なロボット・バーチャルエージェントが生まれるはずだ……。

しかしもちろん実際には、多様な他者に出会った時に起きるあらゆる事象に対する処理を、全てプログラミングするわけにはいかない。そのため、他者モデルは「他者」を極めて単純化して表現する（そもそも、「モデル」とはそのようなものなのだが）。

例えば、相手が眉を顰め、語気を強めていたら、きっとその相手は「怒り」という状態にあるのだろう。この場合は、自分が相手に謝罪をして機嫌を取るようなことを言えば、相手は怒りを収めるだろう……。

この程度のごく単純化したモデルを、前もって考えてプログラミングしておくか、もしくは機械学習技術によってＡＩに自ら作らせるのである（モデルを先に研究者が考えて実装するモデルベース研究も、機械学習〔深層学習を含む〕によってデータからモデルを作成するデータ・ドリブン研究も、世界を単純化したモデルを作り上げるという意味では本質的には違いはない。なお、モデルベース研究とは、前もってシステムの内部状態や出力のモデルを作成して、それをプログラムして実装して動かして検証する研究手法である。一方データ・ドリブン研究とは、前提となるモデルを作らずに、大量のデータを機械学習させて、事後的にモデルを導出する研究手法である）。

「他者モデル」は、ロボットやＡＩの技術の一部としては、現時点で有用なものだと言えるだろう。しかし、注意しないといけないことは、「主体は他者をどう捉えているのか」という問題を考える時には、他者モデルはあくまで作業仮説に過ぎないということである。すでに述べたように、他者モデルは実際の人間や生物が行っていると仮定される他者認識プロセスを、あくまで工学的有用性という観点から単純化して表現したものである。現在ではより「使える」他者モデルを作るために、変数を増やして複雑性を増したモデルが研究されているが、しかしそれもあくまでモデルに過ぎない以上、目の前の問題を解くために用いられる作業仮説に過ぎない。

仮にこの前提を忘れ、「われわれ人間はみんな、他者モデルによって他者を認識しており、よってその他者モデルを完全に記述することができれば、現実に行われている他者とのインタラクションを完全に再現できる」と考える人がいれば、それは「他者モデル原理主義」と呼ぶべき袋小路にはまり込んでいるというべきだろう。

私は、「他者モデル」の本質的な困難さを最も象徴していると言えるのは、孟子の「以羊易牛」の逸話であると考える。有名な逸話だが、概略を示しておこう。[★4]

斉の宣王が孟子に尋ねた。

「どうしたら道徳によって王になれるのだろう」

孟子は答える。

「人民を愛護すれば王となれるのです」

では自分のようなものでも人民を愛護できるのかと問う宣王に、孟子は「聞いた話ですが」として宣王の以下の行いを例に出す。

ある時王の前を、牛を曳いて行くものがあった。

宣王が

「その牛をどうするのか」

と尋ねると、

「鐘の落成式での生贄にするのです」

と答えた。王は牛の力ない様子を見るに忍びなく、その牛を放してやり、羊を代わりにするように命じた。

孟子は
「世の人はみな、これは王が牛を惜しんでしたことだと考えておりますが、私はこれが王の慈悲の心からなされたことを知っています」

と述べた。

宣王が述べた。

「確かに人民のいう通り、物惜しみらしいところもあるが、しかしいくら斉が小国であっても君主がそんなことで牛の一頭を惜しむものか。ただ牛の様子があまりに不憫だったので、羊に変えさせたのだ」

「人民は「小さな羊を大きな牛に代えた」という点から、王が物惜しみなさったと考えたのです。どうして彼らに王の本当の心がわかりましょう」

これはまさに、他者をモデル化することの本質的困難さを示している。「世の人」は、宣王に対して「経済的な損得を基準として行動する」というモデルを適応した。問題は、この実際の宣王の内部状態を正しく反映できていないモデルによって、宣王の行動を一見矛盾なく説明できてしまうことである。もちろん、プラグマティックに考えれば、それはそれで何の問題もないということだってできるかもしれない。だが、ではこのような「世の人」に、宣王を例えば「癒す」ことなどができるだろうか。「経済性」以外の評価変数を知らない「世の人」は、困惑する宣王を一人残して、「自分たちには宣王の心が理解できた」と満足して去っていくだけだろう。

3　他者モデルと機心

このような錯誤は他者モデルに限ったことではなく、実はそもそも人工知能研究に内在する問題から生じるものである。

「はじめに」で触れたように、人工知能の基本的な考え方は「データ→ロジック→トゥルース」の三本柱で説明できる。可能な限り多くのデータを集め、正しい論理（ロジック）を用いてそのデータを分析すれば、正しい解（トゥルース）がただ一つ得られる、というのが人工知能的な世界観だ。

ごく身近な例として、Amazonに代表される通販サイトのレコメンドシステム、いわゆる「おすすめ商品」の紹介欄が挙げられるが、これはこの三本柱が最も象徴的に働いている場所だ。すなわち、ユーザの過去の買い物履歴、あるいはユーザと似た属性の他のユーザの買い物履歴という「データ」をたくさん集め、それを材料に適切な処理を行えば、そのユーザが最も欲しがっている商品がわかるはずだ、という前提で動いているシステムである。基本的にはそのユーザの過去の買い物履歴を材料にするので、意外性のある商品と出会えることなどはほとんどない。あくまで「閉じた系」の中で最適の解を求めるシステムなのである。

余談だが、私は本を買うのが好きだが、Amazonなどのオススメ欄を参考にすることはほとんどない。それまでは知らなかった意外な本に出会えることは、滅多にないからだ。

この「閉じた系」という問題は、レコメンドシステムに限らず、人工知能技術の多くが原理的に抱える問題である。ここで他者モデルを思い出そう。ある他者モデルを搭載したロボットが、学校の教室の中に送り込まれ、「このクラスの中で最も自分と仲良くなってくれそうな子供は誰か」ということを考えるとする。この時、ロボットはしばらく子供たちを観察したり、あるいは学校のサーバにアクセスして子供の個人情報を参照したりして、子供たち一人一人の「自分と仲良くなってくれそうな度合い」といったものを点数化するだろう。あるいはそれだけでは不十分だから、もっと多くのデータを集めないといけないと苦心するかもしれない。しかし、あくまで他者モデルに従って他者を評価する以上は、どこかで収集するデータの範囲を設定しないといけない。すなわち、その内側が「閉じた系」である。

仮にロボットによる情報収集能力に限度があれば、教室内ではロボットに対して優しく振る舞っていても、実は学校の外では動物を虐待して回っているような問題児を、「仲良くなれそうな子供」と判定することになるだろう。情報収集範囲をもっと広げてみたところで同じ話だ。例えば、ある日まではロボットに懐いていた子供が、ある日から突然ロボットに激しい憎悪を抱いて破壊しようとする、といったことが起きないと、どうして言えようか。

しかしそれでも、このロボットには、自分が入手可能なデータを用いて、子供たちを点数化するという以外に道はない。それが他者モデルだからだ。こうなると、他者をいかに効率的に評価するかという点のみが重要になる。

効率化というと聞こえはいいが、それは多くの場合「与えられたデータに、ある決められたロジックを適応して、最適な解を得る」ということを指す。すなわち閉じた系・ただ一つの論理だけに適応するということなのだ。

これは遥か昔から議論されてきた問題である。もっとも有名なのは荘子の「機心」であろう。これは以下のような話だ。★5

老人が畑作業のために、井戸の底に降りては瓶に水を入れ、それをやっとこ持ち上げて運び上げる、ということを繰り返していた。それを見かけた人が、どうして「はねつるべ」という文明の利器を使わないのかと尋ねる。老人の答えは「機械有るものは必ず機事あり。機事有るものは必ず機心あり」というものであった。

この「機心」とは何だろうか。鈴木大拙は、驚くほどＡＩ技術を連想させる言葉で次のように説明している。★6

機械に頼ると、その働きの成績にのみ心をとらわれる。早くききめがあれとか、多くの仕事ができるようにとか、自分の力はできるだけ節約したいとか、また経済的には、少しの資本で多大の利益を占めたいなどということになる［…］このようなわけで、機心なるものは、我々の注意を絶えず外に駆らしめて、相関的な利害得失に夢中ならしむるのである。

私には、これはまるで、機械学習における過学習問題を言っているように思える（言うまでもないが、大拙の時代にそんな問題は知られていなかったのだが）。私たちは本来、多様な評価の軸が存在する世界で生きている。だが機械を使い始めると、自然とその機械に対応した「単一の変数」のみを評価の基準としてしまい、その変数を最大化することのみを目指すようになる。

あるいは、誰よりも他者を真摯に考察した思想家レヴィナスの主著『全体性と無限』の中の次の一節も想起される。★7

個別的な〈もの〉は、ある面で工業都市に似ている。工業都市にあっては、いっさいが生産という目的のために適合させられている一方で、工業都市は煙に満ち、屑と悲しみとにあふれて孤立しているのだ。〈もの〉にとっての裸形とは、その〈もの〉の存在が目的にたいして有する余剰のことなのである。

レヴィナスは、工業都市とは「生産」という単一変数を最大化するためのシステムに過ぎないことを看破する。だとすれば、ここで工業都市に例えられている〈もの〉とは、他者モデルのみによって他者を理解しようとする個人、あるいはそのような目的志向型のシステム——それこそまさに人工知能のような——だと考えることもできる。単一変数を最大化することのみを目指すシステム・個体は、それ以外のあらゆる評価軸から切り離されて孤立するしかない。一方、その目的を追求する過程で生じる「余剰」こそが、その個の裸形=本質に他ならない。単一変数を最大化することのみを目指すことによって生じる、「目的」と「本質」、および「個体」と「社会」との間のこのどうしようもないギャップに、私たち工学者はどのように向き合えばいいのだろうか。

4　人工知能・自然知能と他者モデル

他者モデルに拘り過ぎると他者が見えなくなる。このことを、いま一度整理しなおしてみたい。導入するのは、郡司ペギオ幸夫の提唱する「天然知能・自然知能・人工知能」のモデル、および「外部」という概念である。

まずは郡司の『天然知能[★8]』に沿いながら、特に「他者とのインタラクション」という視点から、天然知能・自然知能・人工知能それぞれの特質を確認しよう。「人工知能」とは、世界を自己にとって観測可能なデータの集合とみなし、自分にとって利用価値のある情報だけを取り込んで、出力に反映させるシステムである。このような人工知能にとって、他者とはまず「自分にとって認識可能な限りの」他者として認識され、しかる後に自分にとって有用／有用でない、といった基準に従って評価される。「自分にとって認識可能な限りの」他者とは、「自分の持っている他者モデルで記述可能な限りの」他者に他ならないだろう。仮に、ある個体がいかに複雑で精緻な他者モデルを有しているとしても、他者モデルで記述された他者とは、あくまでもその個体によって「内部化」された他者に他ならない。その他者モデル内に対応する変数がなければ、その個体は他者の振る舞いを理解できないからである。宣王と世の人の間に起きた齟齬の原因がこれだ。世の人は、そもそもその内部に、宣王の振る舞いを正しく記述するための変数を持っていないのである。

よって、HAIの中でも他者モデルを中心に据えて、他者を「自己の内部」として定義する立場は、「人工知能的HAI」と呼ぶことができるだろう。

ところで、人工知能的HAIは、まず「私」の存在を第一の基準とし、「私」に観測可能な限りの範囲を「世界」とみなす現象学的アプローチと非常に相性がいい。人工知能学者が、哲学と言えばエドムント・フッサールやヤーコプ・フォン・ユクスキュルにばかり言及しようとするのは決して偶然ではないのである。特にユクスキュルの「環世界」概念[★9]は、他者を徹底的にモデル化するというアプローチをとる人工知能的HAIにとって、非常に強力な援軍となる。

次に自然知能である。郡司の説明では、自然知能とは世界全体の見取り図を最初から所有していて、それを参照しながら世界の中での自分の位置を定義しようとするシステムだという。これを他者論で置き換えれば、他者の集団＝社会の中での位置によって自分を、次に他者を定義しようとする立場だと言えるだろう。

実はこれはＨＡＩにおいて、他者モデル中心のアプローチと並んで大きな勢力となっている研究アプローチである。この立場では、他者を「人間社会のルールを共有できる存在」と定義し、ロボットやＡＩシステムにそのような機能を実装することで「他者性」を獲得させよう、というアプローチである。人間に会った時に挨拶をしたり、人間の表情を素早く画像処理してその感情を判定したり、人間の世界の法律を守ったりすることが、ロボットにとって最も重要なことだ、という立場だ。他者が自分と同じルールを共有しているかどうかを重視しているという点で、この立場は他者を「自己の延長」と定義していると言えるだろう。このような研究アプローチを「自然知能的ＨＡＩ」と呼ぶことにしたい。

この立場に立てば、「社会のルールを守れない者は他者ではない」という、きわめて明快な他者の定義を使うことができる。そしてその定義は、ロボットやＡＩシステムばかりでなく、人間にだって適応可能だ。実際に私は数年前のＨＡＩ系の研究会で、「保育園におけるお遊戯に、主体的に参加できていない園児を自動検出するシステム」についての研究発表を聴講したことがある。「お遊戯の時間にはお遊戯に参加する」という「園＝社会のルール」が守れない者は、技術によって矯正されなくてはならないのだ。これは極めてプラグマティックな他者論と言えるだろう。

5 「天然知能」HAIは可能か

さて、ここまで「人工知能的HAI」と「自然知能的HAI」を定義してきたが、これまでに行われてきたHAI研究のほとんど全ては、このどちらかに分類できる。他者を「自己の内部」として定義する天然知能的HAIは、自分にとってモデル化可能な他者しか認識することができない。他者を「自己の延長」として定義する自然知能的HAIは、自分と同じルールを共有できる他者しか認めない。

こうしてみると、過去の他者論の研究者たち、ブーバー、レヴィナス、ドゥルーズ、ネーゲルらが向き合ってきた「他者」については、現状HAIは全く汲み取ることができていないと言えるだろう。レヴィナスが定義した「私が殺したいと意欲しうる唯一の存在者」[★10]であり、かつ「決して全体性に回収されることのない無限の存在」[★11]という他者の居場所は、現状のHAIにはどこにもない。

では、最後に残った天然知能はどうだろうか。郡司は、天然知能とは常に自己の外部を召喚する存在であるとする。ここでは郡司の説明を引用しよう。[★12]

天然知能には、全体と言う知識はもちろんありませんし、ひとつひとつの部屋に関して、これをデータとして正確に計算することもできません。しかし、逆に、あまりにできないことが、自らの基盤への絶対的信頼を揺るがせ、自分の判断の外部を、呼び寄せることになるのです。自分の判断に自信がないから、常に「他に何かあるんじゃないかなあ」と思っているということですね。

天然知能は、人工知能のように他者をモデル化して、自分にとって有用である／有用でないとジャッジすることはできない。また、「社会」という全体を知識として持っていないので、自分とルールを共有できるかどうか、という観点から他者を評価することもできない。要するに、最初から他者を分析的に判断するという立場を持ちえないため、常に「不意に現れた他者に、ただ対峙する」しかないのである。

ここでもう一つ、ここまで述べてきたＨＡＩの分類に関する議論に、「同期」という概念を付け加えてみたい。同期とは、二つもしくはそれ以上のものが、タイムラグなしに互いに影響を与えあう状態である。これは時間の概念を前提とした記述方法であり、生物学やコミュニケーション研究においても重視されてきた概念だ。

人工知能的ＨＡＩにおいては、他者を「私」の内部として定義しているため、実質的には時間の概念が機能しない。確かに「私」の内部における情報処理過程においては時間の流れが存在するかもしれないが、その「私」から一歩外に出てみれば、全ての過程は「私」という、空間的にも時間的にも単一の点と化してしまう。よって、ここではそもそも「同期」という現象が考慮されない。言い換えれば、他者のアクションに対してタイムラグなしに「私」が応答するのは当たり前のことなのである（何しろ、他者は「私」の完全な内側なのだから）。これまでに行われてきたＨＡＩ研究の多くが人工知能的ＨＡＩであるということは、そうしたＨＡＩ研究において「同期」が考慮されていなかったことを示している。

次に自然知能的ＨＡＩでは、他者を「私」の延長として捉えるため、空間的にはやはり「私」と他者の間は等質となる。一方、この立場では、他者がある状況下において、「私」と同じ規範を共有できるかどうかを重視する。すなわち「いま」の状態にのみ着目しているという点で、同期的なインタラクションを前提としていると言えるだろう。この立場を取る研究者からすれば、ロボットに「物を壊してはいけないよ」と命令したとしたら、その場でロボットがその命令に従うかどうかが重要なのだ。この命令をした後で、ロボットがうっかり物を壊してしまったとしたら、ロボットが「すいません、気を付けようとしたけどダメでした」などと言ったって駄目である。「いま」規範を共有できないという時点で、このロボットは他者たる資格を持たないのである。このように、時間概念を持ちながらも同期のみを認めるのが自然知能的HAIだ。

それでは、天然知能的HAIはどうなるか。天然知能は外部を如何様にも前提しない。そのため、外部に属する他者と「私」は、空間的にも時間的にも全く非等質で非同期な存在でしかありえない。例えば、私がロボットに何か話しかけたとして、その場ではロボットは何も応答してくれなかった。私は仕方ないので、しばらく黙々と仕事を続ける。そしてひと段落終えてコーヒーでも入れようとしたところで、ロボットが「さっきの話ですけど……」と切り出す。これが天然知能的HAIだ。

鈴木大拙は、茶の湯を題材とした文章で次のように述べている。[★13]

しかし、茶室に不誠実の痕を示すような事物があればいっさいはまったく破滅する。値もつけられぬような調度品がきわめて純然たるままそこになければならぬ。

始めは何もかわったもののあることに気づかない。が、なにかしら心惹かれる、さらに近寄って、試すように見調べる、すると思いがけないところに純金の鉱脈がきらめく。しかし、黄金そのものは発見されようとされまいと依然として同じところにあるのだ。［…］茶人は飾り気ない小庵に静かに住み、思いがけなく客が訪れると、茶を点て、新しい花を生け、客は主の話と供応に感じ入って、静かな午後を愉しむ。

私はこの文章を読んだ時に、ここにこそ新たなＨＡＩの可能性が示されていると思った。「他者モデル」や「社会」を前提とするＨＡＩは、「私・社会に認識されない他者は存在しない」と定義する。しかし、大拙の言うように、本来他者は「発見されようとされまいと依然として同じところにある」のだ。そして他者をそのように理解しているからこそ、「思いがけなく」訪れた客に、ごく自然に応対することができる。この茶人には、客人をモデル化して、「一体何の用があって、何のためにここに来たのだろう」と分析する姿勢はない。それは「機心」として、大拙が排除しようとしたものなのだ。

私は日常的に大学でロボットを扱っているが、ある日ロボットが不意に故障したとしよう。私が人工知能なら、ロボットの仕組みをざっと思い浮かべて、どこに故障が起きたのかを予測しようとする。私が自然知能なら、このロボットは果たして以前にも同じような故障をしたことがあっただろうかと思い返し、メーカーに問い合わせの電話をするかもしれない。しかし実は真相は、私が知らない間に何者かが私の研究室に侵入して、全く新しいプログラムをロボットに入れていったせいだとしたらどうだろう。このような人工知能的・自然知能的アプローチでは、この「故障」は直せないだろう。

仕方ないので私は、とりあえずそのロボットをしばらくあれこれ適当にいじってみて、「ああ、いままで通りの使い方はできないけど、なんかよくわからないけど全く新しい使い方ができるようだな」と気が付くかもしれない。仮に私が天然知能であれば、そうできるはずである。

「他者モデル」と「社会」の存在を前提とせず、他者を「私の外部」に定義するのが、私が本書で提起する「天然知能的HAI」である（**図1**）。工学者は、そんなものは全くの空想的存在に過ぎない、というかもしれない。そこで、ここらで思考実験からは離れて、実験的研究の話に進むとしよう。

6　信頼されるロボット・AI

何度も繰り返すが、HAIは工学の一分野である以上、人間や社会にとって役に立つものを作ることが重要な使命である。

そもそもなぜロボットやAIを作るのかと言えば、何かの役に立つためである。

この観点から、特にHAIにおいて盛んに研究されているテーマに「信頼」がある。早い話が、人間により信頼してもらえるロボットやAIシステムを設計するにはどうすればいいのか、ということだ。

これは単に、高性能のロボットや人工知能を開発すればいいという問題ではない。私たちが誰かを信用する時、その根拠とするのは、何もその能力や性能ばかりではないからだ。人間同士の場合を考えても、能力面では確かに優秀だが、どうにも感覚的に信用できない、という場合は誰にとっても覚えがあるだろう。いやそもそも、人間にしろ機械にしろ、その能力や性能を正しく評価できる場合などほとんどないだろう。

人間はどのような時に相手を信頼するのか。これについては社会心理学の分野において

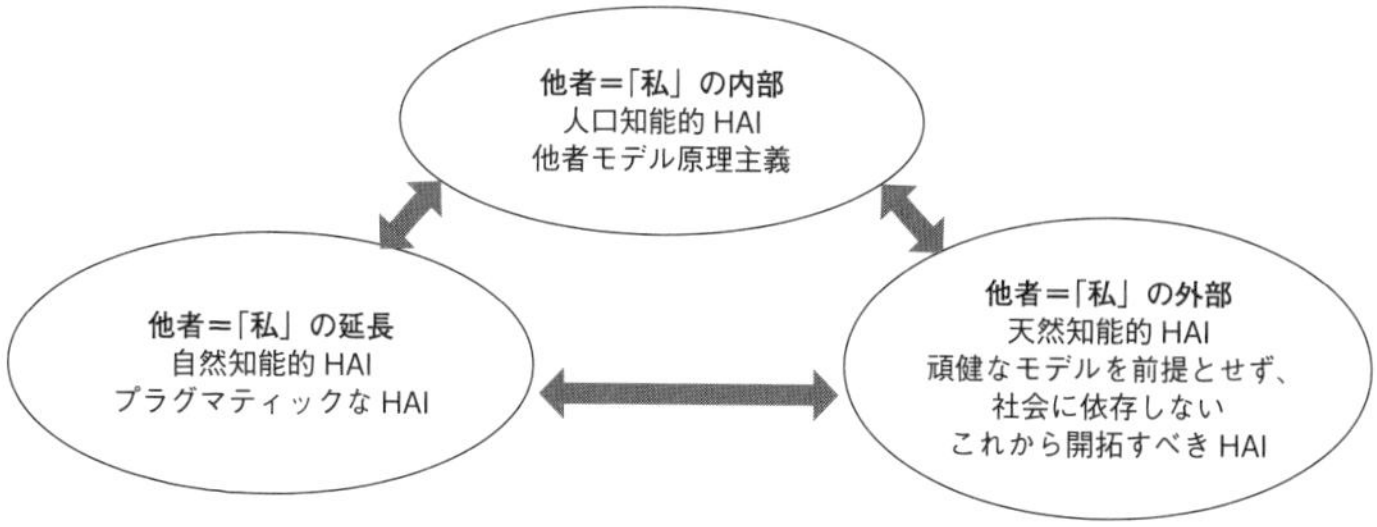

図1　3つのHAI

多くの研究が蓄積されている。立場によってその理論は異なるが、一つの大きな潮流としては、多くの研究が信頼の根拠を「事実・論理・理性」に属するものと、「感性・感情・印象」に属するものに二分していることである。

日本人の代表的な信頼研究者である山岸俊男は、一般的な「信頼」概念を非常に細分化して検討を加えているが、その中でも一般的信頼とは「相手が自分の利益を上げる行動をとってくれるであろうという期待」と「相手が自分の利益を上げる行動を取る能力を持っているという期待」の二つから構成されると纏めている。[★14] これはそのままロボットにも適応可能だろう。例えば、ロボットに自分の食事を作ってもらいたいとして、ロボットにレシピや自分の味の好みがインプットされていて、かつ機械的にも問題なく動くという確信が持てなければ、信頼して調理を任せることはできない。一方で、ロボットが何かの理由で食事に毒を入れたりする、などということがないと確信できなければ、やはり信頼することはできない。

このうち、前者の「能力面への期待」は、客観的な事実に基づいて論理的に判断できるものである。一方の後者の「人格面への期待」は、客観や論理といった基準とはそぐわず、限られた印象や先入観に基づいて、ある意味感性によって判断するしかないものである。

そして興味深いことに、このような信頼の「事実・論理・理性」と「感性・感情・印象」の二重モデルは、他の領域においても提案されている。例えば、消費者研究の分野では、八〇年代に「精緻化見込みモデル」と呼ばれるモデルが提唱された。[15] これは消費者が広告内容をどのように分析するかをモデル化したものだが、「消費者はまず客観的な事実を材料に、論理的に考えようとするが、それで結論が出ない場合は、広告の色味や出演者、商品名といった周辺的情報を使って感性的に判断する」というものである。これもやはり、論理と感性の二重モデルと言える。ノーベル経済学賞を受賞したことで知られるカーネマンらのシステム1・システム2も、これによく似たモデルである。[16] 簡単に説明すると、人間の意思決定は直感的で素早いシステム1と、意識的・論理的で速度の遅いシステム2の二段階で構成されているとするモデルである。これらはそれぞれ別の分野で、独立に提案されたモデルであるにもかかわらず、結果的によく似たものとなっているのだ。ここではこのような二重モデルが科学的に妥当かどうかという問題はさておいて、論理vs感性という枠組みが、信頼というやや曖昧模糊としたものを捉えるのに有効とされてきたことに注目しておこう。
そしてロボット研究およびHAIにおける信頼研究においても、この枠組みは踏襲されている。ロボットの信頼をテーマとした研究は膨大な数があるが、そのレビュー論文（あるテーマについて、それまでに発表された論文をまとめて分析した論文）では、多くの研究で「事実・論理・理性」に属する要素と「感性・感情・印象」に属する要素とが、ロボットの信頼の重要な要素として挙げられていることが示されている。[★17]
ここで、たったの二つだけの要素で「信頼」というものがモデル化できるということに、違和感を覚える人も多いだろう。しかし私たちの研究グループは、バーチャルエージェントを用いた実験によって、実際にこの二つの要素に対応した変数を設定するだけで、人間からバーチャルエージェントへの信頼を操作することが可能であることを示した。[★18] この実験では、バーチャルエージェントが「事実・論理」に則った発話を行うこと、そして人間を安心させるような表情・ジェスチャーによって「感性・感情」に訴えかけること、この二つを満たすことによって、人間から信頼を獲得できることを示したのである。これは、複雑なモデルを実装しなくても、たった二変数からなるモデルであっても、信頼のような複雑な社会的関係を表現できることを示唆している。

7 「外部」に開いた信頼

しかし、このような一対一のインタラクション研究には、おのずと限界がある。それは、インタラクションの「系」が閉じられたままだということである。

ここでＨＡＩにおける「系」について、いま一度解説しよう。ＨＡＩにおいて人間とロボットが対話するという状況を考える時、基本的にはその二者だけを考え、その外側については考えない。外部から予想もしていなかったものが不意に飛び込んでくるといった状況を、ＨＡＩは想定しないのである。社会実装を対象とした、一台のロボットと複数人の人間のような、一対多のインタラクションを対象とした研究でも、基本的にこれは変わらない。単に系を構成する個体の数が増えるだけで、その外部は想定されないのだ。

現在の技術では、ロボットやバーチャルエージェントとの対話を長期間続けるのは難しいと言われている。それらの受け答えが不自然になったり、逆にあまりに単調すぎる受け答えしかしないために、人間が飽きて対話を止めてしまうのである（これを「対話破綻」と呼ぶ）。

私は、これは単なるＡＩの技術的な問題ではなく、対話の系が閉じていることと、非同期な対話を想定していないことが、より根本的な問題ではないかと考えている。系が閉じてしまっているため、対話を膨らませるための情報を外部から召喚することができない。特に頑健な「他者モデル」を実装したロボットは、そのモデル内で変数化できない話題は、自分の内部に取り込むことができない。そのため、人間がいくら頑張って話題を振っても無駄である（非同期性については後に詳しく述べたい）。

対話の系が閉じている、ということをもう少し掘り下げて考えよう。これは、文脈が一つに定まっているということである。例えば、いま私とロボットが「算数の問題」という文脈を前提として話をしているとしよう。私はロボットに問題を出している。私が「４＋６は？」などと聞くと、ロボットは「10！」と答えてくれる。私は「ああ、このロボットは正しく算数の問題に答えてくれた」と満足する。あるいは、ロボットが「９！」と答えたとしよう。私は多分、「ああ、このロボットは算数の問題を解こうとしたが、計算を間違えたんだな」と思って納得するだろう。このような場合、私とロボットは、「算数の問題」という単一の文脈の中に閉じた系の中にいて、そこから一歩も出ていない。

しかし、私の「４＋６は？」という問いに対して、ロボットが「ジンベイザメ‼」とでも答えたとしよう。ここでもし仮に私が人工知能であれば、「このロボットは一体何を言っているんだ。この、ポンコツロボットめ」と思って、対話を終了させるだろう。しかし、私が天然知能であれば、「果たしてこのロボットは、一体何を思って、「ジンベイザメ」なんて答えたんだ？」と考え込むことになる。すると、この対話の系の文脈は「算数の問題」からあれこれ逸脱する。同時に、私の脳裏にはジンベイザメのイメージと、私が思い浮かぶ限りのジンベイザメの知識が流れ込んできて、私は「４＋６」とジンベイザメの共通点について試案する。そして、もしかしたら、私は「４＋６」とジンベイザメの間に何らかの関連を見出し、ロボットが何を言いたかったのかを理解するかもしれない。その時、それは最初の私とロボットの系の中にあったものではなく、他ならぬ「外部」から飛び込んできたものに違いない。その結果、私はそのロボットともっと話したいと思うだろう。郡司は、文脈が固定された閉鎖系を、ベルクソンを援用して「等質空間」と図式化し、その外側を呼び込むことができるのは天然知能だけであるとした。[★19] 郡司の図を元に、私が挙げた例を図式化すると**図２**のようになる。

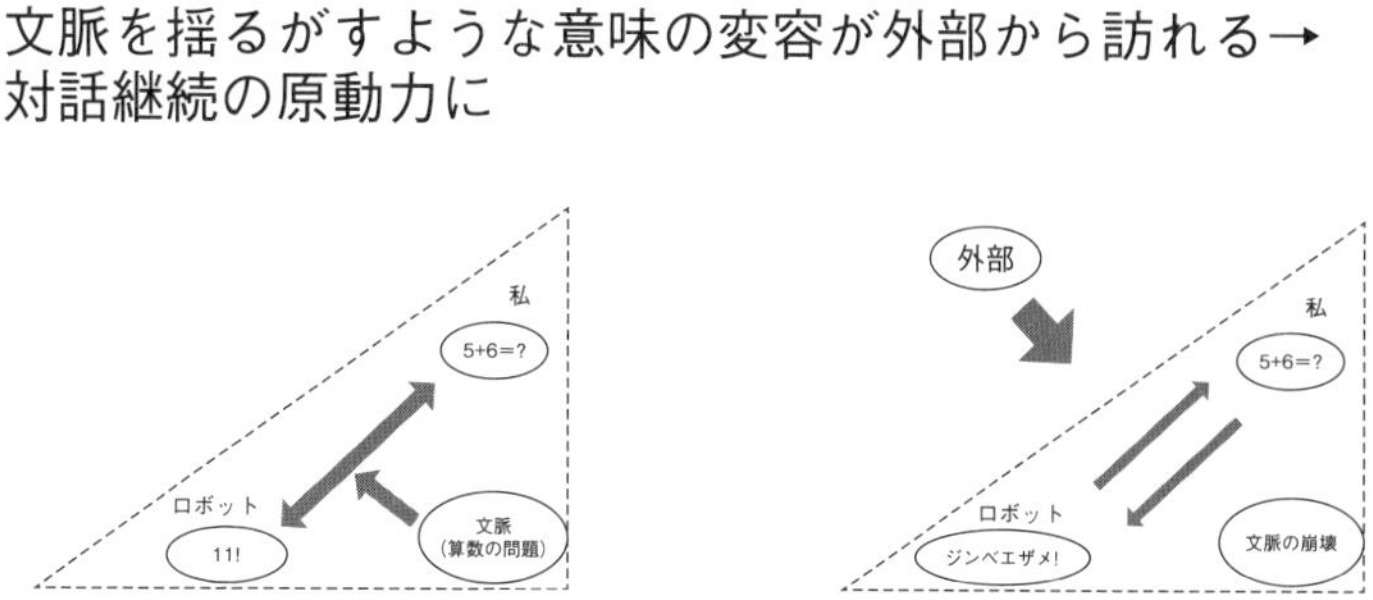

図2　対話継続のためには、外部の絶え間ない召喚が必要である。

ただの思考実験にすぎないと思われるだろうか？　そうではないことを、私たちは実験で示した。

ロボットやバーチャルエージェントと、人間との間に信頼関係を築くのに有効な方法の一つとして知られているものに、「自己開示」を行うことがある。これは、要するに「自己紹介」だ。人間とロボット・バーチャルエージェントがお互いに自己紹介をすることで、その後の対話がスムーズに進むとされている[★20]。

私たちの研究グループも、バーチャルエージェントに自己開示をさせることにした。ただしこの時、あえて論理的に不完全な情報を織り込んだ。例えば、バーチャルエージェントは「私は、雨よりも晴れの日のほうが好きです。なぜなら、宅配ピザが早く届くからです」といったことを言う。これは、一見すると説明不足な発言だと言われてしまうだろう。本来であれば、「私は、雨よりも晴れの日のほうが好きです。なぜなら、晴れだと道が空いていて、宅配ピザが早く届くからです」というように、理由を省略せずに説明するべきであるとされるだろう。

しかし、このように完全に理由を明示した発話は、文脈が固定された閉じた系の中の発話である。図2は、この系を示したものだ。「なぜ、雨よりも晴れの日のほうが好きなのか」という問題に対して、「晴れだと道が空いていて、宅配ピザが早く届くから」という完全な回答が示されると、文脈はただ一つに固定される。これでこの系は頑健な閉鎖系となり、外部に対しては決して開くことはなくなる。

一方、「晴れだと道が空いていて」という部分を明示しなかった場合、聞き手である人間は、「一体なぜ、天気と宅配ピザに関係があるんだろう?」と考えることになる。この問いには、文脈を固定したままでは答えることができないため、文脈が揺らぎ始める。そして、「理由」が外部から呼び込まれる。

この「理由」は、「晴れだと道が空いているから」のみが正解とは限らない。聞き手の想像力に応じて、如何様にもこじつけることができるだろう。重要なことは、聞き手がどのような理由を思い浮かべたとしても、それは閉鎖系の内部ではなく、外部から呼び込まれたものである、ということである。すなわち、バーチャルエージェントと聞き手の人間

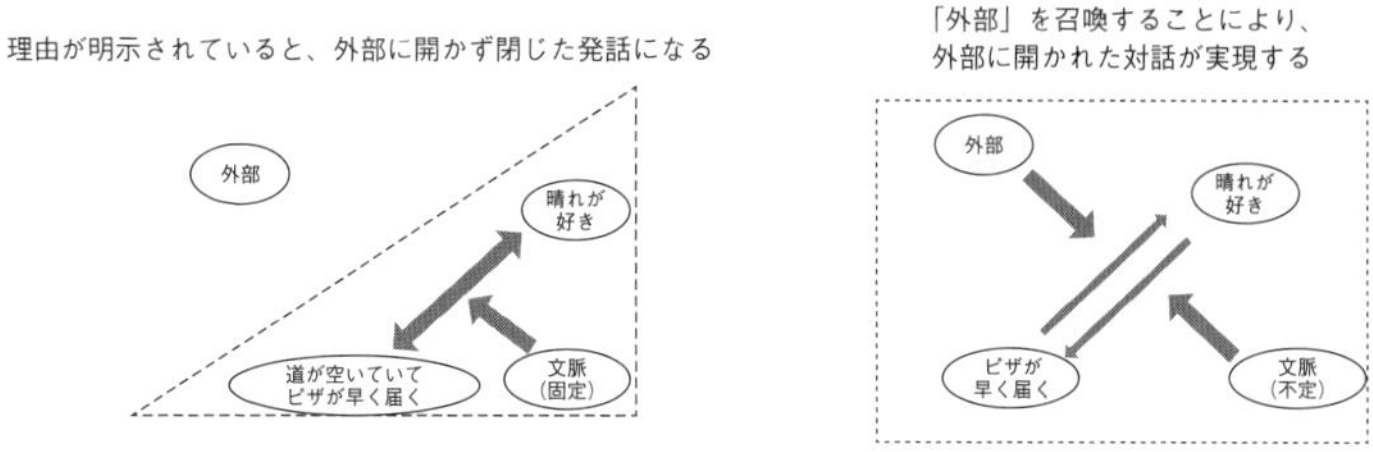

図3　私たちの実験における「外部」の召喚

の二者間で閉じていた系が破れ、その外部から情報が呼びこまれるのだ（図3）。

これによってどのような効果が生じるのか？　このような不完全な自己開示を行うバーチャルエージェントと、外部を呼ぶ余地のない完全な自己開示を行うバーチャルエージェントとをそれぞれ用いて実験を行い、参加者にバーチャルエージェントに対して感じた信頼感を回答してもらった。その結果、前者のバーチャルエージェントに対する信頼感のほうが、後者よりも統計的に有意に高くなったのである。[★21]

この結果を、前述したモデルを前提として解釈すれば、次のようになるだろう。不完全で外部を呼び込むような発話をするバーチャルエージェントのほうが、完全で論理的な発話をするバーチャルエージェントよりも、実は信頼感を与える場合がある。言い換えるなら、その全体を見通すことができない他者こそが、個人に対して信頼感を与えてくれるのだ。

この実験結果を、郡司の「天然知能」やレヴィナスの言う「無限としての他者」に接近したものだと言うには、あまりにもプリミティブに過ぎるかもしれない。しかし、少なくとも、従来の信頼の「論理」と「感性」の二重モデルに対して、新たな見方を提案するものではないかと思う。従来の信頼モデルにおいて、実は「論理」と「感性」は相補的なものではなく、どちらも主体の内部で完結しているものに過ぎないという点では同質なのではないか。「論理」とは、言うまでもなく主体が持っているモデルに適合しているかどうかを基準に判断される。「感性」についても、主体の中には「このような情報に対しては、このような感性が紐づけられる」といった頑健なモデルがあり、それに照らしあわされて判断されている――例えば、「商品に大きな数字が書いてあるほうが購買意欲がそそられる」という研究結果がある[★22]が、この場合は「書かれている数字の大小」によって購買意欲が影響を受ける、というモデル化が可能である。そう考えれば、実は「論理」に従って判断をしている場合と本質的な差はない。どちらの回路も、主体の内部での情報処理のみによって信頼を決定するという点では同じなのだ。

私たちの実験では、主体やそれが属する系の外部から情報を呼び込む可能性を開くことによって、信頼関係が構築可能であることが示された。これは言ってみれば、よく学校などで言われる「お互いに理解し合えるまで話し合おう」式の、相手を完全に内部化しようとする方式とは全く正反対のアプローチである。むしろ、わからない部分があること、相手を完全には見通せないことこそが、信頼にはより重要なのかもしれないのである。

8　他者モデルの敗北

「他者モデル」とは、「相手を完全に理解しよう」という願望を反映した作業仮説である。このモデルを信奉する者は、相手の言動を、そして心の中を、完全に理解することこそが、他者と対峙する上で重要であると信じている。

私たちが行った初歩的な実験は、モデル化不可能であることこそが、むしろ他者と対峙する上で重要である可能性を示している。

「さとり」という妖怪が登場する昔話をご存じだろうか。日本各地に伝承が残るが、その主なパターンは以下のようなものだ。★23

山に入った男が、暗くなってきたので焚火をしていると、山中からさとりが現れる。男が「こいつは山人か」と思うと、さとりは「お前は今、「こいつは山人か」と思ったな」と口にする。男が「気味の悪い奴だ」と思うと、さとりは「お前は今、「気味の悪い奴だ」と思ったな」など言う。そのように、さとりは男の考えていることを次から次へと言い当てるのだが、不意に焚火がはじけて、焼けた欠片がさとりに当たる。さとりは「人間とは思いもよらないことをするものだ」と言って、すごすごと退散した。

この「さとり」は、いわば他者モデルの究極の達人である。他者が心の中に浮かべることを、完全に自分の心の中に再現することができるのだ。その能力を使って散々男を怖がらせたさとりだが、はじけた焚火によって不意を突かれて退散する。

この「はじけた焚火」は、さとりの他者モデルにとって全くの外部であった。頑健な他者モデルを持っているさとりは、それ故に外部から飛び込んできたものに対応できなかったのである。さとりの敗因はもう一つある。それは、「はじけた焚火」という事象の主体を、目の前の男に誤って帰属させたことである。言うまでもなく、焚火がはじけたのは偶然であり、男の意思によるものではない。しかし、さとりは「自分と男の二者の系の中で起こることは、全て自分が男のどちらかが主体となって起こすものである」という世界像を描いていた。そのため、焚火が自分に当たった時に、「この男の行為は、自分の他者モデルでは解釈できない!!」と恐慌をきたしてしまったのである。さとりは、自分の持っている頑健な他者モデルに敗れたのだ。

私は、頑健な他者モデルを組み込んだロボットやＡＩシステムは、このさとりと同じ失敗を犯すだろうと考えている。むしろモデル化できない他者・無限の存在としてこその他者こそが、私たちの社会の抱える問題を解決できると考えている。次章では、その点をさらに詳しく述べてみたい。

★1 岐阜大学の寺田和憲氏、大阪大学の高橋英之氏などが中心的な研究者である。

★2 Gentner, Dedre, and Stevens, Albert L., (1983) *Mental Models*, Lawrence Erlbaum Associates.

★3 Nowak, Andrzej, Agnieszka Rychwalska and Wojciech Borkowski(2013), "Why Simulate? To Develop a Mental Model", *Journal of Artificial Societies and Social Simulation* 16(3): 12.

★4 宇野精一『孟子――全訳注』講談社学術文庫、二〇一九年。

★5 荘子『荘子――全訳注』上、池田知久訳注、講談社学術文庫、二〇一四年。

★6 鈴木大拙著、上田閑照編『新編　東洋的な見方』岩波文庫、一九九七年。

★7　レヴィナス『全体性と無限』上、熊野純彦訳、岩波文庫、二〇〇五年。

★8　郡司ペギオ幸夫『天然知能』講談社選書メチエ、二〇一九年。

★9　ユクスキュル／クリサート『生物から見た世界』日高敏隆＋羽田節子訳、岩波文庫、二〇〇五年。

★10　レヴィナス、前掲書。

★11　レヴィナス、前掲書。

★12　郡司、前掲書。

★13　鈴木大拙『禅と日本文化』北川桃雄訳、岩波新書、一九六四年。

★14　山岸俊男『信頼の構造――こころと社会の進化ゲーム』東京大学出版会、一九九八年。

★15　Cacioppo, John T. and Richard E. Petty (1984), "The Elaboration Likelihood Model of Persuasion", *Advances in Experimental Social Psychology* 19: 123-205.

★16　ダニエル・カーネマン『ファスト&スロー――あなたの意思はどのように決まるか？』上、村井章子訳、ハヤカワ文庫、二〇一四年。

★17　Salem, Maha et al., (2015) "Would You Trust a (Faulty) Robot?: Effects of Error, Task Type and Personality on Human-Robot Cooperation and Trust", HRI '15: Proceedings of the Tenth Annual ACM/IEEE International Conference on Human-Robot Interaction: 141-148.; Hancock, Peter A. et al., (2011) "A Meta-Analysis of Factors Affecting Trust in Human-Robot Interaction." *Human Factors* 53(5): 517-527.

★18　Matsui, Tetsuya and Seiji Yamada, (2019) "Designing Trustworthy Product Recommendation Virtual Agents Operating Positive Emotion and Having Copious Amount of Knowledge", *Frontiers in Psychology* 10: 675。

★19　郡司、前掲書。

★20　Moon, Youngme, (2000) "Intimate Exchanges: Using Computers to Elicit Self-Disclosure from Consumers", *Journal of Consumer Research* 26(4): 323-339.

★21　Matsui, Tetsuya, Tani, Iori, Sasai, Kazuto and Gunji, Yukio-Pegio (2021) Effect of Hidden Vector on the Speech of PRVA, *Frontiers in Psychology* 12.

★22　ロバート・B・チャルディーニ『PRE-SUASION——影響力と説得のための革命的瞬間』安藤清志監訳、誠信書房、二〇一七年。

★23　伊藤龍平『江戸幻獣博物誌——妖怪と未確認動物のはざまで』青弓社、二〇一〇年。

第3章　異界への案内人としてのロボット

1　機械と異界

前章では、単純なモデル化が不可能な「外部の他者」を、ロボット・人工知能技術の中でどう扱っていくかについて、簡単な見通しを示した。

しかし、そもそもそのような他者を技術によって再現する必要があるのかどうか、ということに疑問を持つ人も多いかもしれない。役に立つロボット・人工知能というものを考えるなら、やはりそれは人間の期待通りに動き、人間がモデル化可能な限りで振る舞う存在でなければいけないのではないか、と。

そこで本章では、このような説明不可能な「外部の他者」が、社会においてどのような役割を担いうるのかを、これまでとは別の角度から論じてみたい。そのためにまずは、日本のマンガにおけるロボット観について考えてみよう。

後述するが、欧米における伝統的なロボット観――すなわち、「理解不可能で、不気味な他者」といったイメージに対して、日本のマンガ・アニメにおけるロボット観は、「人間（特に子供）の友達・パートナー」というポジティブで「内部」的なイメージの強いものである点で、かなり特殊であると言える。ＳＦ作品と現実世界におけるロボット・ＡＩ技術との相互作用を対象とした研究は、世界的にもここ数年で端緒についたところであるが、[★1]欧米圏と日本および他地域との比較文化的な視点はこれからの課題だと言える。しかし、ここであえて私の予測を述べておくと、日本におけるロボット観には、誰よりも手塚治虫および藤子・Ｆ・不二雄が残した影響が極めて大きい。その一方で、この両者の描いたロボットには決定的な違いがあるように思われる。

手塚の『鉄腕アトム』は、現在でも読み継がれるＳＦの傑作であるが、アトムに関してはほぼ一貫して「人間の味方」として描かれている。そもそも手塚作品では、動物や異星人なども含めて、あらゆる存在が人間と互いに意思疎通可能・理解可能な存在として描かれている。言い換えれば、手塚作品の中では単一の他者モデルが十分通用するのだ。加えて、アトムは明確な目的と意図をもって、名ありのキャラクター（天馬博士）によって制作されたことが説明されている。このような意味で、アトムは完全に人間の「内部」に存在するロボットであると言えるだろう。

これに対して、『鉄腕アトム』と双璧をなす日本の漫画の生んだロボットである『ドラえもん』はどうだろうか。両者を比較してまず気づくことは、『ドラえもん』はその「製作者」が作中に登場しないということである。★2 作中で語られるところによれば、ドラえもんは未来で大量生産された同規格のロボットのうちの一つであり、アトムのような特定の履歴を持っていない。もちろん、作中世界のどこかにはドラえもんを作った人間がいるはずだが、その存在は『ドラえもん』という作品にとって何の意味も持たないのである。この点、アトムの天馬博士が作中で果たす役割と比較すれば、大きな違いと言えるだろう。

そもそも、『ドラえもん』は本当に「ロボット漫画」なのだろうか。『ドラえもん』を読み返してみると、その点を掘り下げているエピソードは実はほとんど見当たらないことに気づく。タイム・パラドクスや自己複製や仮想現実などをテーマにしたエピソードは枚挙に暇がないが、ロボットや人工知能そのものをSF的なテーマとして扱ったエピソードはかなり少ないのである。大長編「のび太と鉄人兵団」においては、人間とロボットが争うわけだが、ドラえもんは別段、人間側とロボット側のどちらにつくかで苦悩したりするわけでもない(「のび太とロボット王国」でようやくこの問題が取り上げられるのだが、原作者が没後の劇場版であるため、ここでは無視する)。やや乱暴に言ってしまえば、『ドラえもん』の本質はロボットSFではないということである。

そもそも『ドラえもん』のストーリーは、「日常の中に、異界からの他者がやってくる」

という、藤子・F・不二雄が繰り返し用いたモチーフのバリエーションである。『オバケのQ太郎』、『キテレツ大百科』、『ジャングル黒べえ』などは、全てこのパターンの作品だ。これらに登場するQ太郎、コロ助、黒べえなどは、主人公（ほとんどが小学生）が暮らす世界の外部から、ある日突然やってくる他者である。この点は、ドラえもんも同様だ。ドラえもんは二二世紀という未来からやってくるのだが、この未来はのび太のいる世界と地続きの未来ではなく、実質的には「異界」であろう。そこからやってきたドラえもんは、機械仕掛けのロボットであると同時に、「異界からの他者」である。

藤子・F・不二雄作品では、このような異界からの他者と主人公とが友情を育む。だが、彼らは必然的にいつかは異界に戻らないといけない存在である。『オバケのQ太郎』では、最後にはQちゃんはオバケの世界に去っていく。『キテレツ大百科』では、コロ助は過去の世界に去る。彼らは主人公と無二の友情を育んでいながらも、最終的に主人公の手の届かない世界に行ってしまう宿命を負っている。

ドラえもんも同様である。のび太の未来を変えるという役割のためにやってきたドラえもんは、その役目を終えれば未来に帰ってしまう。のび太とドラえもんは断ちがたい友情を育んでいながら、同時にドラえもんは、最終的にはのび太が決して手が届かないところに帰ってしまう。彼らは人間にとって、一旦は打ち解けあえたように思えたとしても、最後には決して手が届かない場所に行ってしまう「外部」からの来訪者なのだ。

人工知能的HAIは、このような外部からの来訪者を記述できない。繰り返しになるが、人工知能とは、認識できる世界の中から自分にとって有益な情報のみを選抜し、自分の内部にしていくシステムだ。人工知能的HAIは、そのような他者のみを相手にするHAIである。異界からやってくる来訪者は、現行の人工知能・ロボット工学では決して捉えきれない存在である。

ドラえもんと同等の機能を持つロボットを作るということは、藤子・F・不二雄が描いたドラえもんを作ることとは全く別のことである。そのようなロボットを現実世界に作った途端に、肝心のドラえもんは私たちの手からすり抜け、遥か未来の彼方の異界へと去ってしまうだろう。

2　ロボットとは何者か

SFにおけるロボットの歴史を辿ってみると、実はアトムのように完全に「人間の友達」であるロボットではなく、ドラえもんのようにその背後に「異界」を垣間見せるロボットのほうが歴史は古い。

そもそもロボットを社会的存在として論じる際の大きな問題の一つは、私たちはロボットのことをよく知らない、ということである。私のような工学者がこのような言い方をすると、意外に思う人が多いかもしれない。もちろん、ロボットの設計にかかわる機械工学者は、物理的存在としてのロボットがどのような仕組みで動くのかはよく知っているし、ロボットの情報処理機能を実装した人工知能学者は、その情報処理過程についてはよく知っている。しかし、そんなことで「ロボットを知っている」ということにはならないのは、生理学者や脳科学者が「人間を知っている」とは言えないのと同じことである。

端的にロボットの特異さを示す有名な研究が、二〇〇七年に『サイエンス』誌に掲載されたヘザー・グレイらの研究である。★3

この研究では、多様な年齢の人間、動物、死者、神★4などの様々なエージェントに対して、人間が感じる印象をアンケート調査している。その結果は大変興味深いもので、ロボットが人間に与える印象は人間や動物とは大きく異なり、むしろ「死者」のそれに最も近いとされた。この研究は現在に至るまで、ＨＡＩやロボット研究で繰り返し参照されているものであるが、確かにロボットという生物でも機械でもないエージェントの特異さを示したものに他ならないだろう。

そもそもロボットの歴史を遡ってみると、その原点から、彼らは人間にとって「理解不能な存在」として位置づけられていた。

「ロボット」という語が歴史上初めて使われたのとされるのが、カレル・チャペックによる一九二〇年の戯曲『RUR――ロッサム万能ロボット会社』★5である。この作品に登場する「ロボット」は、現在のメカニカルなものとはやや異なり、有機体的な要素の強いものである。重要なのは、本作内におけるロボットとは、人間によって創造されたにもかかわらず、最終的に人間をほとんど滅ぼしてしまう恐るべき存在として描かれていることだ(ただし、後に書き加えられた第三幕では、唯一生き残った人間とロボットたちとの間で「生命」を巡る物語が繰り広げられ、単なるカタストロフ作品では終わっていない)。この作品における「ロボット」に、当時の社会主義の影響を受けた労働者の姿が投影されていることは間違いないだろうが(そもそも「ロボット」という語自体、チェコ語で「強制労働」を意味する言葉に由来している)、一方で人間とは異なる形式の知性を持つ存在だからこそ、人間には想像もできない恐るべきことを実行できる存在としても描かれている。

このようなロボット観はその後も欧米のSF作品に受け継がれ、アシモフの『われはロボット』[6]において最も洗練されたものとなる。またロボットではないが、クラークの『2001年宇宙の旅』[7]などで描かれる人工知能像にもその影響が見られるだろう。このような欧米におけるロボット・AI観の背後に、神ならぬ人間が知性体を創造することに対する、キリスト教的な禁忌意識があることは、つとに指摘されてきたことである。[8]カーツワイルらによる「シンギュラリティ」論[9]、すなわちAIが人間の知能を追い越して、人間を支配下におくであろうといった未来予測も、同系統のものであるといえるかもしれない。ロボットや人工知能の研究者の多くはシンギュラリティ論に対して「素人の戯言」だとして冷淡であるが、シンギュラリティ論はむしろロボット・人工知能に対する文化的現象として分析することが適切であるように思える。ついでながら、私もカーツワイルらの言うところのシンギュラリティは起こりえないと考える立場だが、その理由は、端的に現状の人工知能は「外部」を認識できないからである。

3 「天狗の仕業」

ここまで、日本および世界におけるフィクション内のロボットのイメージを簡単に見てきた。ここで浮かび上がってきたのは、「理解不能な外部の他者」としてのロボットという概念である。さらにこれについて検討するために、ここからは「神隠し」に関する議論を取り上げたい。いきなりロボットやＡＩとは何の関係もなさそうな話題だと思われるかもしれないが、私がこれに注目したいのは、本書で私がその有用性を主張したい外部の他者・説明不可能な他者というものを議論するのに、最もふさわしい例だと思うからである。

現代日本を生きる人々のなかには、私たちの身の回りで――いや、この世界内で起こる全ての事象は、完全に因果関係で繋がっていると信じている人が多いだろう。すなわち、あらゆる物事にはその原因があり、原因と結果は論理的に繋がっている。これこそが近代科学的な世界観の前提である。ここに個人の主体的な「意思」という概念を導入すると、主体が原因となって起きた出来事については、その主体が「責任」を負わなければいけない、という世界観が成立する。

責任をめぐる倫理的な議論の歴史は古く、特に自由意志や主体性といった問題と絡めて語られてきた。[★10] その長い議論の歴史に、近年になってロボット・AI研究者も積極的に参入するようになった。いうまでもなく、ロボットやAIそのものが、直接的に使用者（人間）の意思を介することなく、人間に対して様々な危害を加えるということが現実味を帯び始めたからである。事実、二〇一六年にはアメリカで、自動運転技術が原因とされる死亡事故がすでに起きている。[★11] 新しい技術が原因による事故は有史以来数えきれないほど起きてきたが、自動運転技術や自律ロボットがかかわる事故が特に注目を浴びるのは、それらがある種の「意思」を持っていると見なされるからだ。私たちの多くは、自分の意思を持っている主体は自分の行為に責任を持つべきだと考える。心神喪失者や未成年者の法的責任が制限されているのはこの裏返しである。すなわち、自分の意志によって自分の行動を十分に制御できない者は、その分責任も軽減されると見なされる。であれば、人間と変わらないような意思を持ったロボット・AIの製造が可能になったとすれば、それによって起きた事故の責任は、製造者やプログラマー、法的な所有者などが負うというだけで済むだろうか？　懲罰主義を取って、製造者なり使用者なりに法的な責任を負わせるとしても、「ロボット・AIの意思」という、彼らが制御不可能なものが介入したことを考慮して刑罰を減免すべきだろうか？　ロボット法やＡＩ法といった領域は、こういった問題を法体系の中で処理するために新たに提案されているものであるが、あくまで「意思」が「責任」の前提とされていることがわかるだろう。

さらにここでは法的な次元のみならず、より一般的な意味での「責任」を考えてみたい。有り体にいれば、私たちが何か不快な経験をした時に、思わず「責任者は誰だ！」と叫んでしまう時の責任である。実は因果関係と責任論には密接な関係がある。私たちがある事象の責任者を探す場合、当然その責任者の意思とその事象との間に論理的な関連がなければいけない。故意の場合はもちろん、故意がない場合でも、「あの人がバケツを通路に放置していたから、自分が躓いて転んだ」というように、起きたことと明確に因果関係をなす他者の行為がある場合、そしてその行為が明らかに意思によって制御されている場合に、私たちは他者の責任を追及しようとする。

これは、健全な社会を運営する上で必要な概念とも言えるかもしれない。しかし、ここにロボットやＡＩが介在してきた場合、私たちが日常的に行っているこのような「責任追及」という営みは、大きく攪乱されざるを得ないのではないだろうか。ロボットやＡＩの社会実装が極めて現実的な問題となっている現在、これは決して絵空事ではない。

しかし、実は前近代では、私たちはこのような他者を上手く「使って」いたらしい。「神隠し」や「天狗隠し」に関する伝承は日本各地に残されている。[★12] 典型的な事例としては、以下のようなものだ。村で急に子供の姿が見えなくなった。大人たちが総出であちこちを探したが見つからない。しかし一晩ほど経った後に、村はずれの山中などにぼんやりと座り込んでいるところを発見される。一体どこで何をしていたのかを聞きただしてみても、まるで要領を得ない――。

そして、村人たちはこう結論付ける。この子は天狗に連れ去られていた、もしくは狐狸の類に化かされていたのだろうと。

もちろんこのような平和的な結末を迎えることなく、失踪者はそのまま二度と見つからなかったという場合もある。その場合も、やはり失踪の原因は天狗などの妖怪や山の神の仕業だと解釈された。

失踪のような不条理や不都合な事態が起こった場合に、その犯人として取り沙汰される天狗・狐狸・山人・山の神のような存在を、民俗学では「解釈装置」と呼ぶらしい[★13]が、ここで私が注目したいのは、これらが全て「意思を持ったもの」かつ「人間とは異なる基準によって思考・行動するもの」である点である。

あえて現実的に考えてみれば、前近代の農村で起きた失踪事件は、実際には事故や人身売買組織による誘拐、失踪者が成人であれば、何らかの理由による自発的な逃亡などであったはずである。そのような現実的な解釈ではなく、あえて「解釈装置」というエージェントを設定したのはなぜか。

小松和彦は、この点について、それは神隠しの当事者の責任を追及しないためであると指摘した。★12

何か事件が起きた時、その責任を追及しようとするのが、現代人である私たちの感覚である。しかし、これはあくまで私たちがある程度、物理的世界の全体像を見通せるような時代に生きていることと、世界の中の全ての事象が因果の鎖で繋がっているという、近代科学的な価値観に基づいて考えていることによるものである。世界の全体にアクセス可能であれば、何かの事件について因果関係を辿っていき、責任を有するエージェント（個人にしろ、国家や法人にしろ）を特定するのは原理的には不可能ではない。しかし、前近代の農村部に生きる人々は、おそらく全く違った世界像の中で生きていただろう。そこでは事象間の因果関係を突き詰めて考えること自体に、あまり意味がなかったかもしれない。

そこで、彼らはその責任を引き受けてくれるエージェントを欲した。天狗や山の神は、前近代人が作り上げた一種のバーチャルエージェントと言ってもいい。ここで重要なことは、これらが「人間とは全く異なる存在」として設定されていたことである。

例えば、村で子供が失踪した時に、「きっとあの子は、隣村の奴らに誘拐されたのだ」などと考えると、当然隣の村人との間で諍いの原因となるだろう。しかし、誘拐犯が天狗であるとなればどうか。「天狗の仕業なら、もう諦めるしかない」。何しろ天狗相手では捕縛もできまいし、身代金の交渉だってやりようがない。全くの理解・交渉が不可能な相手であるからこそ、「ならばもう諦めよう」という結論を受け入れることができただろう。

あるいは、前近代のことであれば、ある時忽然と村からいなくなった若者が、何年も経ってからふらりと村に戻ってくるというケースもあったようだ。このような場合、現代であれば、「どこで何をしていたのか」と問い詰められるだろうが、若者が「実は、天狗に攫われてしばらく一緒にいたんだ」などと言えば、やはり「天狗の仕業なら仕方がない」と、それ以上の責任追及を無効化することができた。

すなわち、天狗のような解釈装置は、当事者の責任を無効化すると同時に、因果の鎖をそこで断ち切って、責任追及という行為自体を無効化するという役割があったのだ。何しろ、天狗などが暮らすという異界は、私たちの住む世界とは時間の進み方も異なる世界だとされる。★12 そのような世界の中の存在にまで、因果関係を適用しようとしたところで、一体何になるだろうか。

さて、この天狗は、ある村の内部にいる人間にとって、理解も交渉も不可能で因果関係の結べない存在だという意味で、「外部の他者」に他ならない。モデル化も不可能なら、自分たちと同じルールに従うことを期待することもできないし、いつ自分たちの前に現れるのかも予測できない。それが目の前に現れた際には、分析的な姿勢ではなく、ただありのままに対峙するしかない。「解釈装置」をHAIの文脈で記述しようとすると、このような存在になるだろう。

さて、実はロボットもしくはAIも、このような解釈装置である、もしくはなりうる可能性があるとは言えないだろうか？

4　異界と外部

ここまで、あえて「異界」という語を厳密に定義付けずに用いてきた。本章で用いている「異界」とは、第2章で論じた「外部」に属する世界のうち、特有の論理が成り立っていて特有の他者が存在している、と想定される領域である。

ここに語義矛盾を感じる人も多いだろう。そもそも「外部」とは、主体にとってモデル化不可能で前提不可能な領域である。そこに「異界」という名を付けてその形相を論じるのも不可能ではないかと。注意していただきたいのは、ここで使う「異界」とは、「外部」を「内部化した」場合の名前である。すなわち、本来はモデル化不可能な領域である外部を、なんとか論じるためにモデル化したものである。

このような異界の定義は、民俗学的・文化的伝統に照らしてみても、そこまで的を外してはいまい。古来より、私たちの祖先は外部がモデル化不可能であることを認識しており、それに対して二通りの接し方をしてきた。すなわち、そのようなものとしてありのままに受け入れようとするか、あえて内部化しようとするかである。

佐藤弘夫『起請文の精神史』★14は、この観点にとって興味深い歴史的事実を指摘している。中世の起請文は神に誓うという形式で書かれているのだが、原則的に仏に対して誓う形式のものはない。だが、「仏像」に対して誓う形式のものは見られる。佐藤はその理由を、「仏像は仏としての性質を失い、神に転化したもの」であるからと説明する。中世の日本人にとって、仏とは自分たちの世界から遠いところにいる抽象的な存在であり、直感的に理解するのが難しかった。対して「神」（いうまでもなく、ここで言う神は日本の多神教的な土着神である）[★15]は、人間が祭祀を行って祈願すればその願いを叶えてくれるという、インタラクション可能なエージェントであった。本書の議論に即して言えば、仏のいる彼岸は「外部」であり、「神」のいるこちら側は「内部」である。そして仏の仏像化、すなわち仏の「神」化とは、外部の他者を、モデル化可能な内部のエージェントに転換させることに他ならない。

無論、専門外である私に本地垂迹を十分に論じることはできないが、佐藤の議論を借用すれば、このように宗教における「外部の内部化」という現象を、HAIの文脈で記述することができる。あるいは人類の精神史は、このような外部の内部化というプロセスの連続として記述することも可能ではないだろうか。

「はじめに」で触れたフランス生まれの情報工学者でUFO研究家でもあるジャック・ヴァアレは、UFO＝異星人の乗り物という仮説に批判的な研究者として著名である。ヴァアレの議論でよく知られているのが、西洋における妖精伝承と、現代の異星人（より正確に言えば、UFO搭乗者）遭遇譚との共通点を指摘したことである。ヴァアレは妖精伝承と異星人遭遇譚の間には、食べ物と水の交換、時間感覚の狂いなど、多くの共通する要素が見いだせると述べた。★16 妖精や異星人が実在するのかという問題にはここでは触れない。重要なことは、彼らが共に異界からやってくるエージェントであること、そして同時にその「異界からの他者」性の濃度に違いが見いだせることである。

妖精は、人知を超えた領域の住人であり、あえて現代的に言うならば、科学的に解明できない存在である。一方、近代になって本格的に人々の想像力の中に登場した異星人は、「地球以外の惑星」というある種の異界の住人でありながら、一応は科学的文法に則った記述が可能である。UFO＝異星人の乗り物説が「科学的」であるかどうかはともかく、とりあえず「地球以外の惑星に住む知的生命体が、宇宙船を飛ばして地球を来訪している」という想定をすることは可能である。いわば、異星は妖精界よりは一段階現実世界に近い異界であると言えるだろう。ここにも、外部をどうにかして内部化しようとするかのような変遷を見ることができる。

5 「説明可能AI」は可能なのか

ここまで、長々とあえて私にとって専門外の領域から事例を引き写してきたのは、外部の内部化というプロセスが、ロボットや人工知能の歴史にとっても当てはまるのではないかと指摘したかったためである。

本章で述べた、ＳＦにおけるロボットの歴史を思い出していただきたい。チャペックなど初期の作家が構想したロボットは、人知を超えた外部の存在であった。ＳＦの歴史は、それを内部化、すなわちモデル化可能な存在としようとする試みであったと言える（アシモフの「ロボット三原則」は、それを端的に象徴しているだろう）。頑健な他者モデルに拘泥するＨＡＩ研究者も、この「他者の内部化」という欲望に突き動かされているように、私には思えてならないのである。

ここでまた、別の視点から議論をしてみる。

二〇二二年現在、人工知能研究者の間でトレンドとなっているテーマの一つが「説明可能ＡＩ」[★17]である。これは人工知能（ＡＩ）の出力結果だけをユーザである人間に示すのではなく、人工知能がそのような出力をした理由を、専門家ではないユーザにわかるように説明しようという発想に基づく取り組みである。周知のとおり、人工知能技術は医療から就職活動支援に至る様々な局面で実用化が進められており、二〇二〇年に始まったCOVID-19の世界的流行の影響もあって、説明可能ＡＩにはさらなる脚光が浴びせられている。

その発想の根拠を端的に言えば、家庭用健康アドバイザーロボットに「あなたは明日から、一〇分ほど軽い運動をするほうがいいですよ」と言われるよりも、「あなたは〇〇の数値が▲▲となっているので、正常値に戻すために一〇分ほど軽い運動をするほうがいいですよ」と言われたほうが従いやすい、ということである。「お互いに腹を割って話し合えば、なんでもわかりあえますよ」という、優等生的な物言いを思わせるところもある。

説明可能AIは、あくまでインタフェースデザインの一つとして考えれば有用だろう。しかし、その背景には厄介な思想が潜んでいる。説明可能AIの「説明」は単なるアナロジーではなく、文字通りの意味で人工知能の思考過程を説明しているものだと定義している場合があるのである。

これは驚くべき前提を示している。人工知能という、人間とは異質な知能の情報処理過程を、人間に完全に理解できる形に翻訳することなど、何重もの意味で不可能である。人工知能という計算機が行った演算過程を自然言語に翻訳すれば、必ずそこにはギャップが生じる。完全な形での翻訳などできはしない。そのため、説明可能AIの説明は、あくまでも計算機の演算過程を人間に理解可能なアナロジーにしたものにしかなりえない。

いや、そもそも、人間同士でさえ、その思考過程を他者がなぞって理解することなど可能だろうか。他人が一見理解不能な振る舞いをした時に、その振る舞いの理由を順序だてて説明してもらったところで、必ずしも納得できるとは限らない。むしろ、しばしばそれはさらに不可解な想いを強くするものである。

前章では、人工知能は自己＝主体を中心として、主体が認識できる限りのものしか世界に存在しないと前提する知能の在り方であることを見た。人工知能にとって、世界のあらゆる情報は、自己を中心として秩序付けられ、意味を与えられたものである。言い換えれば、その世界におけるある情報の意味は、その人工知能にしか理解できない。一方、私たちは人工知能ではなく、絶えず無秩序に予測不可能なものが襲い来る世界の中で生きている天然知能である。説明可能ＡＩが――少なくとも、それを単なるインタフェースデザイン以上のものだと見なしている研究者に言わせれば――やろうとしていることは、世界の中心でしかありえない主体を、無秩序な世界の中に漂う「私」と、まるで機械の部品でも取り換えるかのように交換するということである。そんなことは原理的に不可能である。

説明可能ＡＩは、人工知能における「外部の内部化」の試みの、最も端的なものと言えるだろう。

6 「説明不可能」という可能性

説明可能AIにしろ、頑健な他者モデルにしろ、その前提にあるのは、世界の中の全ての事象が因果関係で繋がっており、ある結果が生じた時、因果の鎖を辿っていけばその原因に辿り着けるという強固な信念である。そしてもう一つ、そのような手順を踏めば、必ず自分はその因果関係を理解できるし納得できる、という強い前提もある。言い換えるなら、近代自然科学を前提とした「データ→ロジック→トゥルース」という枠組みにあらゆる事象を落とし込めるという、純朴ながらも強固な信念である。

説明可能AIの場合、人工知能がある出力結果を出した原因が、因果の鎖を辿ることによって全て明らかとなって、人間に理解可能な形で提示される、という前提がある。重要なことは、この因果の鎖は人工知能の演算処理過程の中をなぞるだけではなく、現実世界にそのまま投影可能であるとされていることである。すなわち、「肝臓の数値が悪いから、毎日運動をしなければいけない」というように。実際には「肝臓の数値」は、人工知能の内部で変数化されているのであり、現実のそのままの投影ではない。

頑健な他者モデルを信奉している人は、他者の一挙手一投足を自分の内部のモデルに反映して、演算を行うことで正しい出力＝他者の内部状態の予測が可能だと考えている。そこには、自己・他者・世界が因果によって頑健につながっており、そして自分はその因果関係を完全に解釈して理解できる、という前提がある。

哲学者のマイケル・ダメットは、「原因が結果に先行する」という私たちの因果観の枠組みが、あくまで相対的なものであることを示した。★18

かつて失踪事件を「神隠し」や「天狗の仕業」として解釈しようとしていた前近代人たちは、いわばそこからさらに進んで、因果の鎖・責任の追及を辿る行為自体を無効化しようとした。その鎖の先は、神や天狗の住む「異界」に繋がっており、そこはこちら側の世界の論理が通用しない領域である。論理が通用しない者には責任は問えない。このような観念は、おそらくはコミュニティを円滑に運営することに寄与していた。自分たちの手に負えないような事態、あるいは手持ちのモデルで解釈できない事態に対しては、因果関係の推論や責任の追及を止めることが最善策だった。

本章冒頭の議論の繰り返しになるが、このような論理が通用する、内部と外部を峻別する世界観を一気に改変したのが、近代科学による世界観だった。いまや世界中のあらゆる事象が、因果の鎖で雁字搦めにつながっている。同時に、全ての物事には「責任者」が存在し、その責任を追及しなければならなくなった。それは、自己を中心に世界を秩序立てて理解しようとする人工知能的思考過程の副産物に他ならない。

もちろん、科学が経験的にこれほどの成功を収めている以上、それから遁走しようとすることは理性的な態度ではない。天狗の存在が、再び信じられるようになることも難しいだろう。だが、ロボット・人工知能には、それが可能なのではないだろうか。

世界が全て内部化してしまった現在において、外部に立ちうる者がいるとすれば、それはヒトでも動物でも機械でもないもの、すなわちロボット・人工知能に他ならないだろう。失われた天狗の役割を、彼らに担わせるのだ。これが実現すれば、私たちは果てない責任追及という呪縛から逃れることができるだろう。

私はこの観点から、「説明不可能ＡＩ」という概念を提唱している。例えば、二〇二〇年、二〇二一年にオンラインで開催された国際会議RO-MANのワークショップなどで、これについて発表した。★19

説明不可能ＡＩとは、単にその処理過程が理解できない人工知能であるというだけでなく、説明・理解不可能であるということに積極的な価値を見出す。これを実装したロボットやバーチャルエージェントに接する人間は、相手がモデル化不可能であることを痛感し、やがてモデル化することを諦める。それは対話破綻ではなく、実は新たな対話を生み出す源泉である。この態度によってこそ、私たちは系の外部の情報を呼び込むことができるからだ。

健康についての相談をした時に、「少し健康のことを気にし過ぎですよ。海外ドラマでも見なさい」とでも答えるのが、説明不可能AＩを搭載したロボットだ。もうちょっとわかりやすい利点はないのか、と言われるかもしれない。ここで私たちが行った実験の一つを紹介しよう。

その実験では、参加者にロボットが作業に失敗する動画を見てもらい、その後そのロボットに対する信頼感を七段階で答えてもらった。続いて、幽霊や妖怪、異星人など、一般的に超常的存在とされるものについて、その実在をどの程度信じるか、アンケート調査を行った。

この二つのアンケート結果を比較したところ、超常的な存在を信じる度合いの高い人ほど、作業に失敗したロボットに対して信頼を損なわないという結果が得られた。また、そのような人々は、ロボットが失敗した理由について「ロボットにはロボットなりの理由があったのだ」と解釈する傾向が見られた。[20]
この結果は、この章で展開した議論に沿って解釈するとこのようになるのではないか。幽霊や妖怪の存在を肯定する人は、外部の他者、異界からの他者に対して寛容であると予想できる。そのような人は、「他者には他者の論理がある」と考えることができる。他者が自分の期待通りに行動しなかったからといって、それに対して怒ったりはしない。責任追及もしない。それは無駄なことであるとわかっているからだ。
さらにこの結果は、ロボットが幽霊や妖怪に近しい存在でありうることも示している。私たちは科学によって放逐された外部の他者を、科学によって再び蘇らせることができるかもしれないのだ。

7　イエスマンロボットはいらない

もう一度レヴィナスの言葉を思い出そう。レヴィナスは、「私がもはや〈他者〉に対して何もなしえないのは、〈他者〉について私の抱きうる一切の観念から〈他者〉が絶対的にはみ出すからである」[21]という表現で、他者の外部性を強調する。他者は分析的には決して捉えることができない。すなわち、論理・因果を前提とした私たちの内的モデルでは、理解することはできない。まるで不完全性定理のように、モデル化しようとした瞬間に、モデルの中に納まらない要素が現出する。それが本来の他者であり、これこそが他者モデルが限界を持つ理由だ。

レヴィナスは、外部の内部化を否定しているわけではない。レヴィナスのテキストにおいては、「他なるもの」(l'autre)、「他人」(autrui)、「他者」(l'Autre) は区別されている。[★22]「他なるもの」は、本来的に外部であるが、主体の認識・思考を通じて内部化することが可能であるとされる。対して、「他者」、それも「全くの他者」と呼ばれるそれは、決して内部化が不可能なもの、「決して全体性に回収されることのない無限の存在」であるとされる。その全体像を見渡すことが決してできないのが、「全くの他者」なのだ。

その一方で、私たちはその場その場においては、他者とインタラクションを展開しながら生活している。そのような具体的な場面における個別的・具体的な他者を、レヴィナスは「他人」と呼んで区別する。これはすなわち、他者という理解不可能なものが「私」と接する時に現前するインタフェースである。レヴィナスのモデルが、工学であるHAIと親和性が高いことが、ここからもうかがえるだろう。

工学者は、どうしても即物的に理解しやすく使いやすいロボットというものを想定し、設計開発しようとする傾向がある。「私」が言ったことに対して、いつでも「私」の期待通りに返答してくれるイエスマンロボットというのが、現在の工学者が理想とするロボットだ。しかし、「私」のモデルから一歩も外に出ない他者などというものは、もとから「私」の内部に過ぎず、そのような他者は存在しないのと同じではないだろうか。

ユーザの願い通りの返答をするだけのイエスマンロボットをみんなが使う未来というものは、私には明るいものには思えない。それは徹底的に閉じた対話、対話ならぬ対話を再生産し、私たちをひたすらに内部に閉じ込めようとする世界である。そこでは期待を裏切ることは起きない。期待を裏切り、予想ができず、思いもよらないことをやり、分析しようとしてもできず、決して手が届かない他者。私たちを癒し救ってくれるのは、実はそういうロボット・人工知能なのである。

★1 Cain, Lisa Nicole, John H. Thomas and Miguel Alonso Jr, (2019) "From Sci-Fi to Sci-Fact: The State of Robotics and AI in the Hospitality Industry", *Journal of Hospitality and Tourism Technology* 10(4): 624-650. 大澤博隆他「サイエンスフィクションにおける人工知能描写の分析」『人工知能学会全国大会論文集』

第三四回全国大会、一般社団法人人工知能学会、二〇二〇年など。

★2　ネット上等では「ドラえもんの開発者はのび太」などと書かれていることがあるが、デマである。

★3　Gray, Heather M., Kurt Gray and Daniel M. Wegner, (2007) "Dimensions of Mind Perception", Science 315(5812): 619-619。

★4　Grayの最初の論文が発表された文化圏を考えれば、これはセム的一神教における人格神のことであろう。

★5　訳は、チャペック『ロボット（R.U.R）』千野栄一訳、岩波文庫、二〇〇三年を参照した。

★6　アイザック・アシモフ『われはロボット〔決定版〕――アシモフのロボット傑作集』小尾芙佐訳、ハヤカワ文庫SF、二〇〇四年。

★7　アーサー・C・クラーク『決定版　2001年宇宙の旅』伊藤典夫訳、ハヤカワ文庫SF、二〇〇四年。

★8　これをフランケンシュタイン・コンプレックスと呼ぶ。小野俊太郎『フランケンシュタイン・コンプレックス――人間は、いつ怪物になるのか』（青草書房、二〇〇九年）などを参照。

★9　レイ・カーツワイル『ポスト・ヒューマン誕生――コンピュータが人類の知性を超えるとき』井上健監訳、NHK出版、二〇〇七年。

★10　國分功一郎＋熊谷晋一郎『〈責任〉の生成――中動態と当事者研究』（新曜社、二〇二〇年）など。

★11　自動運転ラボ編集部「自動運転車の事故、海外・国内事例まとめ　トヨタのe-Paletteによ

る事故状況も解説」https://jidounten-lab.com/y_1615（二〇二一年七月一九日閲覧）

★12 小松和彦『神隠し——異界からのいざない』弘文堂、一九九一年。

★13 伊藤龍平『江戸幻獣博物誌——妖怪と未確認動物のはざまで』青弓社、二〇一〇年。

★14 佐藤弘夫『起請文の精神史——中世の神仏世界』講談社選書メチエ、二〇〇六年。

★15 あえて言うまでもないであろうが、セム的一神教における「神」と、日本のような多神教における「神」とは全く異なる概念である。後者はインタラクション可能なエージェントであるのに対し、前者は人間によるモデル化というアプローチ自体を拒む、全くの外部の他者である。ＨＡＩにおいて神を対象としている研究では、この点を十分に議論しないまま実験を行っている例が散見される。

★16 Jacques Vallee, *Passport to Magonia: From Folklore to Flying Saucer*, Daily Grail Pub, 2014. 本書には花田栄次郎による私家版の邦訳（『マゴニアへのパスポート——ＵＦＯ、フォークロア、平行世界について』、二〇一六年）がある。

★17 Gunning, David, et al., (2019) "XAI? Explainable Artificial Intelligence", *Science Robotics* 4(37), 2019.

★18 マイケル・ダメット『真理という謎』藤田晋吾訳、勁草書房、一九八六年。

★19 私を含めた研究者が主催した、HRFC2020というワークショップである。

★20 Matsui, Tetsuya, (2021) "Relationship between Users' Trust in Robots and Belief in Paranormal Entities", Proceedings of the 9th International Conference on Human-Agent Interaction.

★21 エマニュエル・レヴィナス『全体性と無限——外部性についての試論』合田正人訳、国文社、一九八九年。

★22 大内暢寛「『時間と他なるもの』における他者論」『他者をめぐる思考と表現──日仏間の文化的移行＝Penser et représenter l'Autre: transfert culturel entre la France et le Japon』二〇一七年、六七－七六頁。

第4章　ロボットにとっての「信頼」

1　解を求めよ

私の職場である大学の近隣には、日本でも有数の大型書店が建っている。何日かに一回、仕事帰りにここに寄っていくのが何よりの楽しみだ。

目当ての本が最初からある場合もあるが、その場合でも全てのフロアを漫然と見て回る。気になる本、思わず手に取りたくなる本というのが、どこにあるのかは「最初からはわからない」からである。そもそも、自分が手に取りたくなる本は何か、ということは、決して事前には予測することができない。その本を目にした時に、初めて予期していなかった興味が私の中で立ち上がり、手を伸ばさずにいられなくなるのだ。この時この本は、私にとっては予測不可能だった外部から、私の内部に飛び込んで来たものに他ならない。なので、私も分析的にそれと対峙することはできず、ただ何も考えずに手を伸ばすのである。

さて、しかし世の中には、本などは実店舗に行かなくても買えると考える人もいるらしい。ＰＣやスマホを立ち上げて、Amazonなり何なりのオンラインショッピングサイトにアクセスすればいいではないか。欲しい本が最初から決まっていればそのタイトルで検索すればよし、決まっていない場合でも、自分が興味あるジャンルのキーワードをいくつか入力すれば、きっと読みたい本が見つかるだろう。いや、「オススメ商品」という、自分にぴったりのタイトルを自動的に提示してくれる仕組みさえあるではないか。実店舗に足を運ぶのなんか時間のムダ、もっと効率よく買い物をしなければ……。

「オススメ商品」のような仕組みは、私たちの身近でＡＩが使われている最も典型的な例の一つである。専門用語ではレコメンドシステムと呼ばれるが、そのアルゴリズムは細かく見ていけば数えきれないほどの種類があるものの、「ユーザの過去の買い物履歴」や「ユーザと似た商品を買っている他の顧客の買い物履歴」といった、過去の情報を入力にして演算を行い、結果を「推薦商品」として出力している、という大まかな考え方は共通している。

ひたすらに世界の中からデータを集め、それを正しい論理に従って適切な手順で分析すれば、ただ一つの解が得られる、という、データ→ロジック→トゥルースの枠組みがここでも前提されている。このシステムを使えば、その人が最も読みたいと思う本が提示できるはずだ。もしできないとすれば、それは入力に使うデータがまだ足りていないか、もしくはロジックがどこか間違っているからに他ならない……。

このような発想の人にとっては、「読みたい本」というのは「私」の内部からしか得られないものだ、ということになるだろう。レコメンドシステムが入力として欲するのは、基本的には「私」の過去の行動の履歴や趣味・嗜好など、つまり全くの「内部」である。内部のデータにどう処理を与えたところで、出力されるものもまた、内部から外に出ることはできない。その出力は、原理的に「私」にとって予測可能なものであり、そこからは外部から飛び込んできたものに初めて対峙した時に味わう新鮮な驚きは得られないのだ。

また、この考え方の下では、ある入力用のデータが得られた場合、それに対応する出力はただ一つ、もしくは少なくとも有限個しかないと前提されている。そして、入力と出力はロジックによって明確に接続可能なものでなければならない。言い換えるならば、入力用に使えるデータが世界の全てであり、その世界はただ一つの解を持つ、という世界観がここでは成り立っている。

果たして、世界の解は一つなのだろうか。単に「みんな違ってみんないい」というレベルのことを言いたいわけではない[★1]。ここで見てきたレコメンドシステムや「解釈違い」の真の問題点は、「私」にとっての正解と、他者にとっての正解とを混同してしまうことにある。散々本書中で論じてきたように、人工知能的な「私」にとっては、私が認識して処理できる限りの範囲が世界の全てであり、その中の全てのものは「私」との関連によって意味づけられている。よって、その「私」を他の誰かと交換することは原理的に不可能であるし、「私」の視点を誰かと共有することも不可能である。「私」の正解と他者の正解を混同しようとすることは、このような「私」の前提を崩すことになる。もちろん「私」が人工知能的な存在でなく、天然知能的な存在であればきっと上手くいくだろうが、このような発想自体が人工知能的な「私」を奉じる人からしか出てこないことは、ここまで見てきた通りである。

では、どうすればこのこんがらがった状態を解決できるだろうか。ここでＨＡＩの出番となるのだ。「私」と他者の混同といった事態を解決するには、まずその事態を可視化してみせ、そして人工知能ではなく天然知能こそがこの事態を解決できることを示すことが必要だろう。言い換えれば、「私」の外部にいる他者の存在を示し、そのような他者との向き合い方を提示することである。これは工学の領域である。

2　HAIと信頼

このようなアプローチを考えるに当たって、再び「信頼」というテーマを取り上げよう。この、一見すると極めて人間的な主題は、実はHAIやそれに至る情報工学の歴史の中で大きく取り上げられてきたテーマである。いかにして人間を信頼させて行動を起こさせるかを探求する、「説得工学」などという言葉まであるほどである。★2

そもそも情報工学における「信頼」とは、大きく分ければ機械・AIの出力結果に従いたいと思うこと、及び自分の個人情報などを抵抗なく提供しようと思うことであろう。レコメンドシステムなどは、この二つの信頼が組み合わさったものだと言える。情報工学において「信頼」が大きく注目されるようになったのは、まず個人情報保護の問題との関連からであったが、近年になってAIの社会実装が進んだことにより、より致命的な影響をもたらす可能性のある信頼の問題が注目されるようになった。

例えば航空機において、パイロットが自動操縦技術を十分に信用できなかったがために事故に至り、多数の犠牲者が出たとされるケースがかなりある。★3 生か死かという局面になった時に、所詮は機械に過ぎないＡＩを完全には信用できなくなるというのは、ある意味では当然の心理だろう。しかし、場合によっては、その不信が大事故に繋がる。自動運転技術が飛行機のみならず自動車にも実装されるようになった現在、この問題はさらに重要度を増しているだろう。

では、情報工学では「信頼」をどう操作しようとしてきたのか。すでに第1章でも述べたが、ロボット・ＡＩにおける「信頼」形成の重要なファクターとして、以下の二点が挙げられている。一つは「能力・性能」、もう一つは「人格」である。★4 これはまず、人間同士の信頼の場合を思い浮かべてもらえばいいだろう。私が他者に何かを期待する時、まず他者にそれを実行できるだけの能力がある、と確信できなければならない。と同時に、その他者が私に対して好意的である、少なくとも敵意や悪意を持っていないということも確信できないといけない。この二つが成り立っている場合のみ、私は他者を信頼できる。

相手がロボットやＡＩの場合でも、メタファーとしては同じモデルが成り立つ。私がロボットに、仕事で必要な計算を頼みたいとしよう。まず私は、そのロボットは私が頼みたい計算を正確にこなせるだけの演算能力を持っているということを確信できないといけない。そうでなければ、誰が大事な計算を頼もうとするだろうか？　と同時に、私はそのロボットの「人格」が信頼に足る、すなわち悪意を持って計算をサボったり、わざと間違った計算結果を出したりしない、と確信できないといけない。念のために述べておくが、実際にロボットに「人格」などというものが存在するのか、などということは、ここでは問題にならない。あくまで「私」の中で、「私」が確信を得る過程に至るまでの話だからだ。

というわけで、ロボット工学者が人間から信頼されるロボットを開発しようとする場合、大まかに二つの方向性があるわけだ。一つは、純粋にロボットの情報処理能力および機械的な性能を上げることである。おそらく、多くの人が「ロボットの開発」と聞いて想起するのはこちらのアプローチだろう。とにかく高性能なＡＩを開発してロボットに実装する、あるいは新素材や新構造を用いてロボットの部品を開発して装着する、というように、客観的に判定できる「性能」の値を上げていけば、おのずと人間はそのロボットを信頼してくれるだろう。そういう考え方である。

しかし、そのアプローチだけでは早々に行き詰まることがわかってきた。その理由は、単純に現時点での技術に限界があるというだけではなく、人間が必ずしもそのロボットの「性能」を正しく判定することはできないからである。見た目だけでロボットの性能を判断することは至難である。あるいは仕様書に「このロボットは〇〇kgまでの荷物を安全に運べます」などと書いておく方法もあるだろうが、そんなことでどれだけ意味があるだろうか。

さて、第1章で述べたように、この「能力・性能」というのは、論理的な思考や演算によって判定できるものであり、後者の「人格」はそうではない、と、ひとまず見なしておこう。そのロボット・AIにどんな能力があるかというのは、その振る舞いを観察していれば、客観的に判断できるだろう。判断ができそうになければ、観察記録を増やせばいい。データを増やせば増やすだけ、正確な判定ができるというロジックの世界である。一方、「人格」の判定は非論理的な要素が多分にある。人間同士の場合でも、例えば「白衣を着ているから信用できる」「年上に見えるから信用できる」「喋り方が落ち着いているから信用できる」といった、実は非論理的な尺度で信頼性を判断している場合が多い。★5

論理的な思考には多大なリソースが必要だし、それに必要なだけのデータが得られない場合も多い。そのために、直感や感性を基にした非論理的な判定を併用する必要があるのだ。このような論理と感性が相互に保管しあうというモデルは、意思決定科学全般において広く採用されているものである。★6 HAIにおいても、この枠組みはほとんどそのまま踏襲されて、ロボットやバーチャルエージェントと人間との信頼というテーマが探究されているのである。

前述したように、ロボットの「性能」を上げるだけでは、人間からの信頼を得ることはできない。よって、ロボットの「人格」、それも信頼に足る人格というものを、人間に感じ取らせることの必要性に注目が集まったのである。例えば、目と口がついているロボットのほうが、のっぺらぼうなロボットよりも人間から信頼されるという実験結果が得られている。論理的に考えて、目と口があるかどうかなどということは、そのロボットの性能とは何の関係もないはずである。しかし、その程度の「仕掛け」が、人間がロボットに抱く信頼に大きな影響を与えるのだ。また、ロボットといえばメカニックなものと思われているかもしれないが、私たちの行った実験では、むしろ機械的な部品が外見上見えないロボットのほうが、より信頼されることもわかっている[★7]。

しかし、この「能力・性能」と「人格」という二つは相反するものというよりは、ある意味で同根のものである。まず、「能力・性能」であれ「人格」であれ、その判定の基準となる要素は全て記述可能でなければいけない。「能力・性能」が論理的に判定されるものであることは既に述べたとおりである。言い換えれば、「このロボットは○○という性能を持っているので、▲▲が実行できる」というふうに、その判定の根拠は「私」によって記述可能でなければいけない。一方「人格」のほうも、「このロボットは〇〇だから、きっと私に対して悪意は持っていないだろう」というふうに、根拠が記述できなければいけない。記述できるだけではなく、それは「私」以外にとっても、見せられれば「なるほど」と思える記述でなければいけない。「だから」の部分が一見非論理的であっても、原因と結果が推論によって繋がる、という点では、論理的な記述と変わらないのだ。

もう一点、「能力・性能」であれ「人格」であれ、その判定に使われるのは、「私」がそのロボットとインタラクションをした記憶、もしくは他の似たようなロボットとインタラクションをした際の記憶である。すなわち、過去の履歴である。過去の履歴を入力として、論理によってただ一つの解（信頼できるか、できないか）を求めるのであるから、これは全く「私」の内部に納まる話である。

まとめよう。現状のＨＡＩにおける信頼研究においては、「信頼」が記述可能・理解可能な根拠に基づくものであることを前提としている。すなわち、「私」の内部、「私」と他者の間で閉じた系の内部でのみ成り立つ信頼のみを考えている。判定のための材料が増えれば増えるほど、私たちは正しい判断が下せるようになるはずではないか——これが大本にある考え方である。

3 意思のある機械

このような素朴な信頼の定義は、しかし、私たちがロボット・AIに「意思」を感じるという現実との間で、論理的な齟齬をきたす。

考えてもみて欲しい。私が予測した通り、私が期待した通りの出力を返す装置は、確かに便利だし「信頼」できるのかもしれない。しかし、そのような装置はそもそも「意思」を持っていると言えるのだろうか？　正確に言えば、私たちはそのような装置に本当に「意思」を感じるだろうか？

少し脇道にそれるかもしれないが、機械や工業製品に「意思」を感じることは、少なくとも産業革命以来の社会的現象である。一九世紀に登場した蒸気機関は、当時の人々に「生物」的な印象を与えるに十分なものだった。さらに加えて蒸気機関車などはその大きさも相まって、しばしば「モンスター」「怪物」と呼称されたと、奥山文幸は指摘している。★8 この「モンスター」という呼び名には、何らかの意思を持った生き物であると同時に、私たちの理解の範囲を超えた、「外部」「向こう側」の存在である、という含意が感じられる。蒸気機関は、他ならぬ人間の手によってこの世界に生み出されたものでありながら、多くの人にとっては「外部」に生きる怪物だったのだ。★9

その後、自動車、家電、計算機器、通信機器などに対しても、多くの人々はそこに意思を読みとってきた。その過程はバイロン・リーブスとフリフォード・ナスによる『人はなぜコンピューターを人間として扱うか』に詳しい。★10 おそらく読者の多くにも、車やPCやスマホに意思を感じた経験があるのではないだろうか。

では、一体どのような時に「意思」を感じるのか、いま一度思い起こしてもらいたい。おそらく、心の底からそれらの機械の意思を感じてしまうのは、車が肝心な時に不調を起こしたり、PCの不調がどうしても治らなかったり……といった、機械が「期待・予想に沿わない反応をする」時ではないだろうか。マンガなどでも、上手く動かないPCや家電に対して、会話をするような口調で文句を言う人物が、戯画的に書かれたりする。

すなわち機械の「意思」とは、それらが私の予想・期待を裏切った時、モデル化不可能な振る舞いを見せられた時に、私の中に立ち上がってくるものではないだろうか。常に私の期待通りの出力を返すことなら、別に意思がなくたってできるだろう。シチュエーションによって出力を変化させるということも、そのようなプログラムを組めばわけもなくできることで、意思は必要ない。私に意思を感じさせるのは、予測不能でパターン化が不可能で、しかも理解ができない出力である。

前節で定義した「信頼できる」機械・システムといったものは、その内部状態が全て記述可能であり、振る舞いが全て予測可能なものであった。そのような機械・システムは、実は「意思」を持ちえないものであり、すなわち「信頼」ができないものであるということになる。理解可能で説明可能な他者を理想像とし、頑健な他者モデルの構築を目的として他者の振る舞いを記述していこうとすると、信頼に足る他者からはどんどん離れていくのだ。

喩えるなら、何かの相談をした時に、完全にこちらの想定内の返答しかしてくれないロボットよりも、全く想定外の返答をしてくれるロボットのほうが、万が一という時に真に信頼できる相談相手となるだろう。天然知能的ＨＡＩが目指すべきなのは、このような、これまでの情報学における信頼概念を乗り越える説明不可能な他者である。

4　弱くない「他者」としてのロボット

ここで強調しておきたいのは、「説明不可能」ということと「曖昧」ということとは違うということである。

想定外で場合によって違う出力をするシステムと聞けば、少しこの分野をご存知の方ならば、曖昧性（ファジィ）を利用した仕組みを連想する人もいるかもしれない。曖昧性については、すでに……というよりも、かなりやり尽くされたといってもいいくらい、情報工学においても導入されている概念である。

ロボットにおいてよく知られている例としては、岡田美智雄が提唱している「弱いロボット」がある。★11 これは、あえて一見機能が制限されたように見えるロボットをデザインし、人間に「手助けしてあげたい」という気持ちを抱かせることを狙う——といったものである。これは「曖昧性」を利用して、人間による積極的な関与・手助けを引き出すための工学的仕掛けであると言える。この発想は、「性能」をひたすらに上げていくというロボット工学の従来の方向性に一石を投じるものであった。

私が提唱したい「説明不可能性」は、これとは異なり、人間側からの補足・関与を前提とするものではない。それは人間の存在自体とは無関係に「説明不可能」なものである。そして、それに対峙した人間に、インタラクションの系を外に開くことを促すものだ。「説明不可能」性は決して機能や効用の制限だけを意味するものではない。私たちが説明不可能性を持ったロボットやＡＩと接した時、それに対して使えない・不便だという感想を持ったとしたら、私たちが閉じた系の中で彼らを評価しようとしているからである。

伝記文学の名手であるシュテファン・ツヴァイクの作品に、トルストイを主人公とした戯曲「神への逃走」がある（『人類の星の時間』に収録[★12]）。最晩年のトルストイと妻との確執を描いたこの作品の中で、トルストイは自身に猜疑の目を向ける妻ソーニアを、以下のような言葉で説得する。

わたしたちに理解のできない場合、まさにそのばあいにこそ、わしらは愛の力によって信頼を保たなければならないのだ。人々に対してもそうだし、神に対してもそうだ［…］だからソーニア、あなたも、あなたがもうわしを理解ができないというそこのところで、いくらか信じようとこころみておくれ。

トルストイは、互いに理解不可能であるとしても、いや理解不可能であるからこそ、最も純粋な意味での信頼を共有しようと言っている。客観的な根拠と論理的な推論でも、感性的な直感でも辿りつけない真の意味での信頼に、理解不可能性こそが導いてくれるのだと。

この戯曲が晩年のトルストイを描いたものである以上、読者である私たちは、この信頼が裏切られることを知っている。おそらくはこの台詞を口にしているトルストイ自身、この言葉を信じてはいない。しかし、だからこそこのシーンは、過去の履歴などの「データ」から切り離された信頼という概念を象徴するものとして、鮮烈な印象を与えるものである。「わからない」「説明できない」ことは決して否定的なことではない。

ここからは、これまでに述べてきた新しい信頼概念を支持すると思われる、私たちの実験についていくつか紹介しよう。

まず、すでに第1章でも述べたように、私たちはバーチャルエージェントの発話の「説明不足さ」、論理的な不完全さがむしろ信頼を生むことを確認した。繰り返しになるがもう一度簡単に説明すると、バーチャルエージェントが人間に対して自己紹介をする時に、

「私は晴れのほうが好きです。何故なら、道が空いていて、宅配ピザが早く届くからです」というふうに説明するよりも、「私は晴れのほうが好きです。何故なら、宅配ピザが早く届くからです」と、あえて論理的に不完全な説明をしたほうが、聞き手の人間がエージェントに対して抱く信頼感は高くなる。★13 これは極めてプリミティブなレベルではあるものの、説明可能AIに対する異議申し立てと言うことができるだろう。説明可能AIでは、「全てを論理的に説明してくれるAIのほうが、人間から信頼される」と前提されているのだから。

加えて、「論理的な不完全さ」が、「弱さ」「曖昧さ」といった受け身でこその価値ではなく、それ自体で人間の信頼を獲得するという、積極的な意味を持ちうるということも指摘できるだろう。それは私たちを、私とエージェント・ロボットという二者の間だけの閉じた系から解放して、外部に開かせてくれる仕掛けたりうるのである。

さて、ロボットやAIに対する信頼が特に大きな問題になるのは、ロボットやAIがミスを犯した時である。ミスというのは、機械的な故障や誤作動、プログラムのバグなど、何らかの理由で人間に不利益をもたらすような出力をしてしまうことだ。この点についても多くの研究が蓄積されているが、先行研究がほぼ揃って示しているのは、人間はロボットやAIが一度でもミスをすれば、一気に信頼する気を失うということである。

この問題を回避するため、多くの研究者が取ろうとするのは、「対話などを通じてロボット・AIと人間との間に強固な信頼関係を築かせ、容易には信頼が崩れないようにする」という戦略である。有体に言ってしまえば、「お互いに理解できるまで話し合いましょう」ということだ。

私たちが着目しているのは、それとは正反対の仮説である。つまり「もとより理解不可能な相手であれば、一度のミスでも信頼は変わらないのではないか？」というものだ。

例えば、ある程度その内面が予測できる相手が、自分にとって不都合な行動をとった場合、私たちは「この人は私に悪意を持っているのかな？」「この人はやる気がないのかな？」などと、その内面を説明できる他者モデルを当てはめて、信頼度を低く見積もろうとするだろう。しかし、そのような他者モデルが適応不可能な相手であればどうだろうか。すなわち、私たちにとって「外部」に存在するものに対しては、私たちはツヴァイクの描いたトルストイが口にしたような、純粋な意味での信頼を持つのではないだろうか。

もう一つ、私が行ったロボット・バーチャルエージェントの他者性と信頼に着目した研究を紹介する。これは、人間とバーチャルエージェントが共同作業をするというシチュエーションを設定した実験である。実験の流れとして、この共同作業は必ず失敗する。その後で、共同作業をした人に、自分とバーチャルエージェントのそれぞれにどのくらい失敗の責任があると思うか、と尋ねた。得られた結果は以下のようなものである。「人間が、エージェントを異類だと感じている場合、エージェントの責任はあまり高く見積もらない」および「エージェントが異類であると感じる場合、計算上、「人間のものでもエージェントのものでもない責任」の度合いが増える」。これもまた、AIおよびロボット・バーチャルエージェントの異類性、すなわち「外部の他者」性がもたらす、実際的な利点を示すものだろう。★14

なお、ここで、二章で議論した「天狗の仕業」という概念を思い出してもらいたい。前近代人は、天狗のような異類に責任を仮託することで、責任そのものを宙づりにし、責任追及を無効化したのであった。私たちの実験で観察された「人間のものでもエージェントのものでもない責任」は、誰にも帰属されない責任、まさに「天狗の仕業」としか言いようがないものではないだろうか。

ここで紹介した実験は、いずれも未だかなり初歩的な段階のものであり、本書の論旨を積極的に支持する結果であるとは言えないかもしれない。しかし、「説明不可能AI」「異類・外部の他者としてのロボット・AI」という概念が、単なる思考実験にのみ留まるものではないことは示唆していると、私は考えている。少なくとも、現在主流である頑健な他者モデルや説明可能性にのみ拘った研究以外の方向性の見通しを示すものではないだろうか。

5　ロボットは理解できてはいけない

SFにおけるロボットの歴史を語る際に、第3章で言及した『RUR——ロッサム万能ロボット会社』や『われはロボット』と並んで、ほぼ必ず言及されるのが、フリッツ・ラング監督のドイツ映画『メトロポリス』（一九二七年）である。この作品の映画史的・美術史的意義などについては、日本においても既に語り尽くされていると言っていいほど多くの論稿があるが、[★15] 私は稚拙な蛇足を承知で、ここで本作における「外部」としてのロボットについて考えてみたい。その理由は、「説明不可能」なロボットにおける「信頼」を考える際に大きなヒントとなると考えるからだ。

この作品のストーリーは、ディストピアとしての階級社会を舞台に、支配者の息子である主人公が地下に住む被支配者階級のヒロイン・マリアと出会うが、支配者である父によってマリアが囚われて、そっくりなロボット（ブリギッテ・ヘルムがマリアと二役を演じている）にすり替えられるという展開だ。主人公の父には、ロボット・マリアを使って地下の被支配者たちに混乱をもたらして団結を乱すという思惑があったのだが、その意に反してロボット・マリアは被支配者らを煽動する役割を演じていく。しかし結局、彼女は捉えられて火刑に処される。ここで、炎に焼かれたロボット・マリアの人工皮膚が崩れ落ち、その下の本来のロボットとしての素体が露になるシーンこそが、本作の白眉だ。

ここで注目したいのは、このロボット・マリアの処刑によって、結果的に主人公と父、そして支配者階級と地下の被支配者階級の和解がもたらされるという結末だ。この映画では、ロボット・マリアは徹底して「邪悪」な存在として位置づけられている。ロボットは人間たちにとって、不可解で邪悪な「外部」であることを保ったまま、焼かれることによって人間の社会にポジティブな結果を与えるのだ。そしてこの結末は、あくまでロボットが「外部」であることを保つことによって得られたものだ。

ロボット・マリアと人間の間には、まともな意味での信頼は形成されないし、いかなる相互理解も得られない。他者モデル論者であれば、「悪意を持った不良品」として切り捨てるロボットであろう。しかし、そのような分析的・論理的なインタラクションを全く離れた次元で、ロボット・マリアは私たちに強烈な生身のエージェンシーを感じさせる。それは前述した、ロボット・マリアが怒り狂った民衆によって火で焼かれるシーンで一気に顕現する。

すでに触れているが、私たちは「外部」の他者＝「異類」としてのロボットと人間との信頼の在り方を探るための実験を行っている。

ロボットを異類と感じる人とはどのような人だろうか。それはおそらく、「異類」の存在を自然に肯定できる人だろう。自分の内部、自分の他者モデルで分析可能な他者しか認めようとしない人は、そもそも異類という概念自体を受け入れないに違いない。

こう考えていくと、「妖怪・幽霊・異星人といったものの存在を認める人は、ロボットがミスをしてもロボットへの信頼を損なわない」という仮説を立てることができる。言い換えるなら、このような異類の存在を認める人は、自分にとって理解できない他者と対峙しても「この人はこういうものだから」と受け入れることができる。しかし、自分が持ちうるモデルの中に適合するものしか認めない人は、自分にとって理解不能な振る舞いをする他者と出会ったら、「こんな者は私の役に立たない」と、すぐに切り捨てることができ

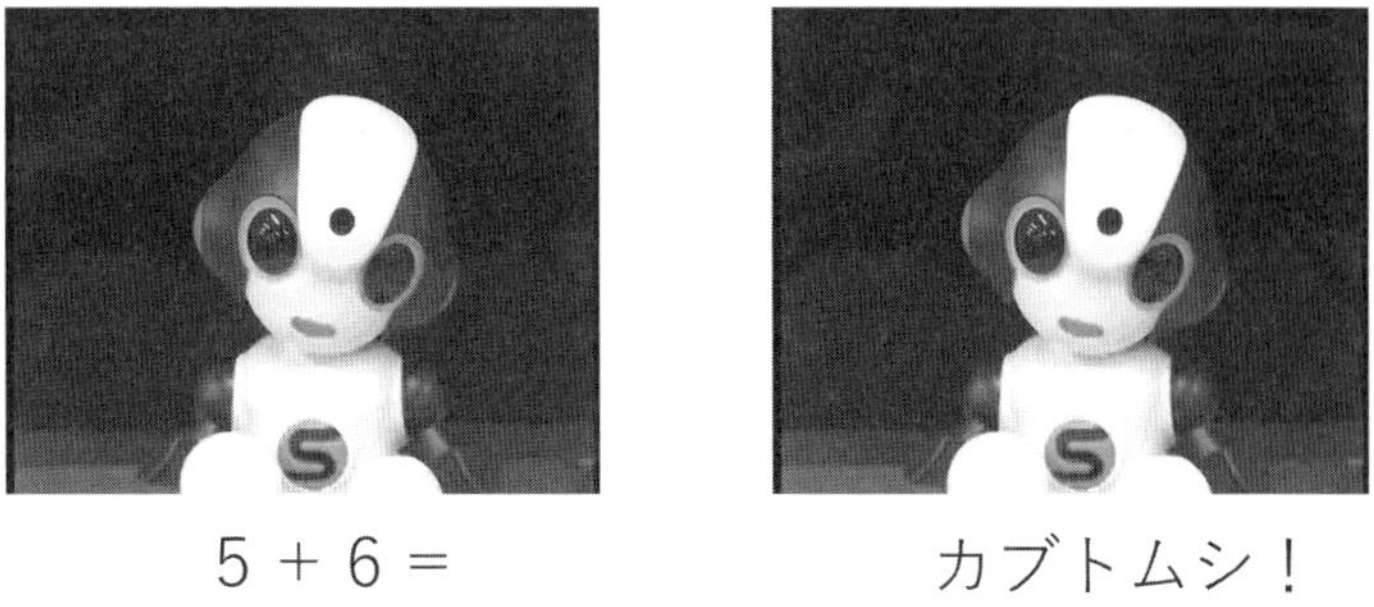

図1　★16の実験で使用した動画のキャプチャ。実際に使用したロボットは、Vstoneの「SOTA」である

るのだ。

　私たちは、この仮説を検証する実験を行った。この実験では、参加者はロボットが「5＋6＝カブトムシ！」などと、おかしな計算結果を発話する動画を見る。その後で、そのロボットに対する信頼感を尋ねると同時に、妖怪・幽霊・異星人といった異類の存在をどの程度信じるかを尋ねる。そして、ロボットへの信頼感と異類の存在を信じる度合いとの相関を調べたのである。その結果、異類の存在を信じる人ほど、おかしな発話をするロボットに対する信頼感が高いという結果が得られた★16（**図1**）。

　この実験は、「異類としてのロボット」、すなわち「外部の存在としてのロボットという、本書でここまで議論してきた概念の有用性を支持するものである。未だに多くの人にとってロボット・AIが未知のものであるならば、過剰な「説明」によって理解してもらおうとするのではなく、未知であること・説明不可能であることの利点を追及するのも、一つの方途ではないだろうか。そこには、この章で見てきた「能力・性能」と「人格」という二つの要素に依存しない、まったく別の形での「信頼」が成立する可能性がある。

ロボット・マリアやドラえもんは、外部の存在であること、もしくはいずれ外部に戻らないといけないという宿命を背負っている存在であることによって、私たちの記憶に鮮烈に残った。頑健な他者モデルや説明可能性にのみ拘って、彼らを私の「内部」に閉じ込めようとすることは、彼らの他者性を剥奪することに他ならない。それは同時に、論理や履歴に拠らない純粋な信頼への道を閉ざすことにもなるだろう。

本章の冒頭で述べたように、データ→ロジック→トゥルースという枠組みにのみ捉えられて、私と他者の交換という不可能な命題に直面することを強いられている私たちにとって、このような意味での「信頼」を可能とする技術、すなわち「他者」を設計してそれを世界の外部に置くという技術は、一つの救いとなるに違いない。

ただし、上で紹介したのはあくまで現象探索的な実験であった。では、実際にはどのようにそんな機能を持つロボットを設計すればいいだろうか？

★1　この金子みすゞの一節に、私はあまり共感を得ることができない。「いい」という価値判断は、「私」の主観によってのみ設定されてはいないか？

★2　Fogg, Brian J., (2002) "Persuasive Technology: Using Computers to Change What We Think and Do", *Ubiquity* 2002: 2.

★3　もちろん逆に、パイロットが飛行機を過信したために事故が起きたケースも多い。

★4　Hancock, Peter A., Deborah R. Billings, and Kristen E. Schaefer, (2011) "Can You Trust Your Robot?", *Ergonomics in Design* 19(3): 24-29.; Matsui, Tetsuya, and Seiji Yamada., (2019) "Designing Trustworthy Product Recommendation Virtual Agents Operating Positive Emotion and Having Copious Amount of Knowledge.", *Frontiers in Psychology* 10: 675など。

★5　Cialdini, Robert B., (2006)Influence: *The Psychology of Persuasion, Revised Edition*, Harper Business.

★6　第2章で言及した精緻化見込みモデルや、システム1・システム2モデルなどがある。

★7　Matsui, Tetsuya, and Seiji Yamada, (2018) "Robot's Impression of Appearance and Their Trustworthy and Emotion Richness." 2018 27th IEEE International Symposium on Robot and Human Interactive Communication (RO-MAN) IEEE.

★8　吉田司雄＋奥山文幸＋中沢弥＋松中正子＋會津信吾＋一柳廣孝＋安田孝『妊娠するロボット――1920年代の科学と幻想』春風社、二〇〇二年。

★9　日本において明治時代の鉄道普及の初期、狐や狸が汽車に化けて走るという「偽汽車」の噂が各地で広まったことも想起されよう（松谷みよ子『現代民話考3――偽汽車・船・自動車の笑いと怪談』ちくま文庫、二〇〇三年）。機械と異界の間はかなり近いのである。

★10　バイロン・リーブス＋クリフォード・ナス『人はなぜコンピューターを人間として扱うか——「メディアの等式」の心理学』細馬宏通訳、翔泳社、二〇〇一年。

★11　岡田美智男『弱いロボット』医学書院、二〇一二年。

★12　シュテファン・ツヴァイク『人類の星の時間』片山敏彦訳、みすず書房、一九九六年。

★13　Matsui, Tetsuya, et al., (2021) "Effect of Hidden Vector on the Speech of PRVA." *Frontiers in Psychology* 12.

★14　Matsui, Tetsuya, and Atsushi Koike, (2021) "Who Is to Blame? TheAppearance of Virtual Agents and theAttribution of PerceivedResponsibility." *Sensors* 21(8): 2646.

★15　『妊娠するロボット』および井上晴樹『日本ロボット創世紀——１９２０〜１９３８』（ＮＴＴ出版、一九九三年）など。

★16　Matsui, Tetsuya, (2021) "Relationship between Users' Trust in Robots and Belief in Paranormal Entities." Proceedings of the 9th International Conference on Human-Agent Interaction.

第5章　「ロボット殺し」が切り開くＨＡＩ

1　再現性とコンテキスト問題

前章までで、「説明不可能性」を実装したロボットを作り出すことによって、「外部」の他者を現代に再現するという、天然知能的HAIの指針を示してきた。ここからは、実際のそのようなロボット・AIの設計論について考えてみたい。

そもそも説明不可能な他者という概念は、第2章ですでに触れたようにレヴィナスやブーバーなどの現代思想を中心として長く議論されてきた。しかし、これまではあくまで理論・思考実験の範疇に留まっていた。日本において、多くの理系の研究者が、哲学と言えば分析哲学や現象学を重視し、フランス現代思想あたりには非常に冷淡だったのも、その内容を実際に実験することができないからだろう。しかしロボットやAIを使えば、この概念を実際に実現させることが可能である。

HAI研究を進めていくハードルは年々下がっている。フランスのアルデバラン社のnaoや、日本のVston社のSotaなど、インタラクション実験に利用できるロボットは多く市販されている。これらのロボットと、やはり数多く公開されているアプリケーションやライブラリを組み合わせることで、比較的簡単に音声対話実験などを行うことが可能である。

バーチャルエージェントについても同様だ。少し前までは、それなりの性能のバーチャルエージェントを作成するだけで法外なコストがかかったのだが、現在では様々なプラットフォームが用意され、エージェントのモデルの作成を請け負うメーカーも増えてきた。極めて安価もしくは無料のアプリケーションを組み合わせるだけでも、かなり多様な実験を行うことが可能である。例えば、名古屋工業大が公開しているMMDAgentは、音声対話エージェントを簡単に作成できる無料のツールキットだ。Gatebox株式会社が市販しているGateboxは、対話可能なバーチャルエージェントをまるで空中にいるかのように表示できる装置だ。これらは比較的簡単にプログラミングができるということもあり、ＨＡＩ研究のハードルを大きく下げている。

むしろ課題となるのは、実験参加者をどう集めるかである。この分野でのこれまでの多くの実験では、研究者の所属する大学の大学生を実験参加者として雇用していた。だが、この方法では当然ながら、参加者の年齢および（特に理工系大学では女性の学生が比較的少ないため）性別が大きく偏るという問題がある。加えて、二〇二〇年に発生した

COVID-19の国際的流行という予想外の事態により、実験室や街中での実験そのものが難しくなった。

そこで、近年になって新たに注目を集めているのがオンライン実験である。参加者の募集・雇用から実験実施までを、全てオンラインで行ってしまうのである。もちろん、特殊な装置が必要な実験は不可能だが、適応可能な実験は多い。現在ではHAIに限らず、心理学・行動科学にかかわる多くの分野でオンライン実験が行われており、その信頼性を検証した研究でも概ね肯定されている。[★1] 当然ながら、全ての参加者が真面目に回答してくれているかがわからないという問題はあるのだが、そこを解消する手法も色々と考えられている。

続けて、現状のHAI研究が抱えているテクニカルな問題点について見ておこう。他者モデル原理主義や説明可能AIの持つ問題点についてはすでに論じたが、ここでは実際に開発・実験を行う際に生じうるより技術的な問題について触れたい。

第一に挙げられるのが、再現性の問題である。HAIやHRI研究では、人間の参加者を雇って実験を行うことが中心となっているが、このような実験的研究では常に再現性の問題が付きまとう。再現性とは、ある実験結果に対して、他の研究者が同じ実験を行っても（これを「追試」と呼ぶ）同じ結果が得られるということである。

自然科学の分野では、再現性は極めて重要視されている。近年大きな問題となったのは、例えば心理学分野における再現性である。二〇一五年、ある国際論文誌に、「主要な心理学実験のうち、再現性が確認されたものは三割程度しかない」という衝撃的な論文が掲載された。[★2] そもそも人間の感情や行動は、物体や化学物質のように厳密な法則に従うものではないが、それにしてもここまで再現性がないというのは大きな問題である。例えば、一般的に最も有名だと言っても過言ではない心理学実験の一つである「スタンフォード監獄実験」なども、追試に成功した例がほとんどなく、近年になって疑問視する論文が出されている。[★3]

この「再現性クライシス」と呼ばれる事件を通じて、心理学分野の論文採択基準は極めて厳格なものになりつつある。例えば、事前に参加者の人数を統計学的に算出して決めておく、などだ。

これに対して、同じく人間の行動や内部状態を主な計測対象としているＨＡＩ分野では、現在のところ、心理学分野ほど再現性に注意は払われていない。従事している研究者の数が圧倒的に少ないこともあるが、管見の限り、ＨＡＩ分野で追試が行われることはほとんどない。統計処理についても、心理学分野ほど厳密な適用はされていない印象がある。実際、心理学者がＨＡＩ分野の研究で行われている実験や統計処理を見ると、「どんぶり勘定」っぷりにしばしば驚くようである。私は、国内でも国外でも、ＨＡＩに関する学会で、心理学者からＨＡＩ分野全体に対して驚きを呈されたことがある。

この状況を憂えているＨＡＩ研究者は当然ながら多い。しかし、私は心理学者ではないのであえて勝手なことを言うが、ＨＡＩ分野ではそこまで厳密な再現性を求める必要はないと考える。ＨＡＩはあくまで工学である。工学の目的は現象発見ではなく、人・社会にとって役に立つものを作り出すことである。極論を言ってしまえば、役に立ちさえすれば、原理が厳密に定義されている必要はない。[★4] もちろんロクに再現のできない論文が量産されるようなことになれば問題だが、追試が行われていないことなどについては、そこまで目くじらを立てる必要はないだろう。

第二の、それよりも大きな問題は「コンテキスト問題」である。コンテキストとは、ここではロボットやＡＩを使う時の様々な状況である。ロボットを実際に使用する場面としては、家庭・学校・商店・美術館など多数考えられる。現在のＨＡＩ研究では、それぞれの場面を実際に再現して（例えば美術館にロボットを設置するなどして）実験を行っている。

そこで問題になるのは、その実験で得られた結果が、他のコンテキストでも成り立つのかどうかということである。

ロボットやエージェントに実装するモデルを頑健に、そして複雑にすればするほど、そのモデルは特定のコンテキストに依存してしまうことが指摘されている。★5 例えば学校で使うためのロボットに実装するために作られた他者モデルは、商店街で使うロボットにはそのままでは使えない。そうなると、各コンテキストに応じたロボットをデザインしないといけなくなるだろう。だが、コンテキストの数は事実上無限にある。しかしながら、現時点でのHAIでは、学校で使うロボットにはこのモデル、美術館で使うロボットにはこのモデル……というように、とりあえず各コンテキストに特化したモデル構築をしているのが現状である。

かつて、分子生物学について、各遺伝子がどのような働きをしているのかを一つ一つ明らかにして論文にするという研究が中心であることを、「現代の博物学」と揶揄する言い方があった。新種の動物を記載することに追われて、統一的な理論を提案できないような段階にあることを風刺した言い方である。その伝で言えば、現状のHAIはまさしく博物学的な段階であると言えるかもしれない。

このコンテキスト問題は、本書でここまで見てきたように、各研究が扱っているのが人間とエージェントとの一対一の、文脈が完全に固定されたインタラクションを想定していることに深く根差している。ほとんどの研究が、学校なり商店なりに応用するとして、事前に予測可能な状況にのみ対応できるモデルを考えているため、それ以外の状況には対応できないのだ。この問題が存在する限り、頑健で精密な他者モデルを作るというアプローチは袋小路に陥らざるを得ない。「あらゆるコンテキストに対応できる他者モデル」と、「特定のコンテキストで最も有効な他者モデル」は、明らかに両立しない。

加えて、計算資源の問題もある。ここでは「計算資源」という言葉を、ロボットやＡＩを動かすために必要な物理的な計算機（コンピュータ）のメモリ使用量および計算時間に限らず、より包括的な「モノとしての計算機」自体というイメージで捉えてもらいたい。現状では誰でも比較的手軽に機械学習のプログラミングなどができるため、ややもすると忘れられがちなのだが、ある程度の性能のロボットやＡＩを動かすにはそれなりの計算機が必要である。これについては、いわゆる「ムーアの法則」★6などを根拠に楽観的に考える人も多いだろう。しかし、根本的な問題として、変数の数を増やした頑健で厳密なモデルを実装することは、常に計算機の性能に依存する。一般家庭や個人レベルで使われるロボットやＡＩを考える際に、果たしてその方向性は現実的だろうか。加えて、上述したように、ロボットやＡＩを使うべきコンテキストは無数に存在するのだ。

なお、持ち運び可能なデバイスを使い慣れているとピンと来ないかもしれないが、計算資源はこの世界のどこかに物質として実在する計算機というマテリアルである。データ↓ロジック↓トゥルースという考えに馴染んでしまうと、この計算資源のマテリアル性を忘れがちになるので注意が必要だ。

このように、頑健な他者モデルを実装することのみを目指そうとすると、実際上、様々な問題にぶつかることになる。これらの問題を念頭に置いた上で、説明不可能性を実装したロボットを考えてみよう。

2　ロボットたちの失敗の歴史

ヒューマノイドロボットやバーチャルエージェントの社会実装の歴史を改めて振り返ってみると、それは失敗の歴史である。

記憶に新しいところで、ソフトバンクが販売したPepperが思い起こされる。世界で初めての市販されたヒューマノイドロボットとして、発売当初メディアの注目を浴び、多くの商店や企業などがこぞって購入したPepperだったが、数年も経つと契約を更新する企業も減り、多くの個体が倉庫の中で眠ったままになるという羽目になった（私の以前の職場でもある大学にもいたらしいのだが、私は一度も使われているところを見なかった）。

早い話が、人間はロボットにはすぐ飽きるのである。

バーチャルエージェントについても同じことが言える。ウェブ上でユーザと対話するバーチャルキャラクターというものが度々注目を集めるが、その後を追ってみると、その多くが数年以内にサービスを停止している。生身の人間が裏で操作しているバーチャルYouTuber（VTuber）が、ジャンル全体として長生きしているのとは誠に対照的だ。

なぜこのようなことになるのか。古くからHAI分野において指摘されているのは、人間がロボット・バーチャルエージェントに対して抱く期待値が高すぎるということである。[★7]多くの人は、ロボット・バーチャルエージェントを見ると、よほどすごい性能を持っているのだろうと感じるようだ。しかし、実際にはその性能には当然限界がある。それも、使用される期間が長くなればなるほど、その限界は露呈しやすくなる。

この現象を本書で論じてきた言葉で言い換えると、以下のようになるだろう。私たちはロボットやバーチャルエージェントと対峙した時、それを外部からやってきた存在だと認識する。しかし、実際に使ってみれば、それらの出力パターンは完全に私たちの予測可能な範囲内にしかないことがわかる。すなわち、外部はごく短期間に内部化されてしまう。そして、内部化してしまった他者にはさしたる用はもうないのである。

これがロボットやバーチャルエージェントがすぐに飽きられる原因であるとするなら、この問題はロボットやバーチャルエージェントに他者モデルを実装するということでは決して解決できない。なぜなら、それらが他者に対してどう振舞うかが完全に記述可能なものであるのなら、私たちはいずれそのパターンを学習し、容易に予測可能になってしまうからである。これは、いかに複雑な他者モデルを考えたところで同じことだ。

ここで例として、対話システムというものを考えてみよう。人間とリアルタイムで対話するロボットやバーチャルエージェントというものは、ロボットという概念が発生した時点から存在しており、ヒューマノイドロボットの研究においても大きな位置を占めていた。現在では、かなり「人間らしい」対話を実装することが可能になっている。

やや専門的な話になるが、現在の対話システムには大きく分けて二つの方向性がある。一つはシナリオベースモデル、もう一つは対話生成モデルである。シナリオベースモデルは、あらかじめ決められた受け答えのパターンを用意しておいて、そのパターンの中から、人間の発話に応じた最適な返答をするというものである。要するに、このロボットは膨大なページ数の辞書を持っていて、人間の発話を認識したら、その辞書の中から最もそれらしい言葉を選んで返す、というようなイメージだ。さらにウェブに繋ぐことによって、検索エンジンなどを辞書代わりに使うこともできる。身近なところでは、様々なサイトで使われているカスタマーサービス用のチャットボットなどはこの代表例である。

対して対話生成モデルは、返答を自動生成するというモデルである。文章の自動生成については非常に古くから様々なアプローチがあるが、大まかな発想としては共通しており、人間が実際に書いたり喋ったりした文章のパターンから法則を見つけ出し、それを応用して文章を作るというものである。機械学習を使う場合は、この法則を見つけ出す過程を、ニューラルネットワークを用いて自動的に行うわけである。この手法は、深層学習の登場によって飛躍的に発展した。計算資源をどう確保するかという問題さえ解決すれば、かなり「人間に近い」応答をするシステムを、誰でも作成することが可能である。

さて、しかし、これで問題は解決しなかった。「人間に近い」応答を実現してそれをロボットに実装しても、それだけではロボットが人間のようにしゃべっているようには見えないのである。このような対話ロボットと話してみた人は、最初は物珍しさもあって積極的に話してみるが、やがて「なんだ、こんなものか」と、対話することをやめてしまうのである（これを対話破綻という）。哀れ、高性能なはずのロボットは倉庫行きである。

なぜこうなるのか。どうも、対話システムの精度を上げて、人間に近い応答文を作るというだけではいけないようだ。そこで現在ＨＡＩ分野では、応答の精度という部分以外の様々な要素に着目して、よりロボットを「人間っぽく」しようとしている。ロボットの表情、頷きなどの身体動作、会話の「間」などが着目されている（このような、発話内容以外の様々な要素を非言語情報〔ノンバーバル情報〕と呼ぶ）。しかし、いまだブレイクスルーは訪れていない。

私の考えでは、この失敗は同じ理由に根差している。まず対話システムについて。シナリオベースモデルはあらかじめ決められた範囲から情報を選択することしかできず、一方の対話生成モデルも、「学習データ」という履歴に依存し、そこから外に出ることができないという点では同じである。要するに、このようなシステムは、これまで本書で論じてきた「内部」に完全に収まってしまい、外部を呼び込むことができない。これは、レコメンドシステムにおいては意外性のある商品を推薦してもらえないことと同じである。

一方で非言語情報を用いてロボットを人間に近づけようとする試みは、ロボットを人間にとってモデル化可能なもの、「内部化」可能なものにしようという試みである。要するに従来の研究では、ロボットを内部化することのみにこだわり続け、外部の他者性というものを隠蔽しようとしてきたのである。しかし、この方向性では先が見えないのは前述した通りだ。

してみると、やはり、ロボットやバーチャルエージェント・AIを説明可能な存在として「人間っぽく」しようとする、内部化しようとすることそのものがおかしいのではないか。むしろ、それらを外部の存在として認識し、そして、そのまま外部に置き続けることこそが、これからのHAIには求められているのではないだろうか。

ロボットを外部に置き続けるにはどうすればいいのだろうか。私はこう提案する。ロボットを殺そう。

3　王殺しとHAI

私は何も、ロボットをハンマーか何かで物理的に破壊しようと提案しているわけではない。私が言う「ロボット殺し」は、古代世界で行われていた「王殺し」から着想を得ている。

王殺しと言えば、ジェームズ・フレイザーの『金枝篇』である。★8 ここではまず、このフレイザーの古典に沿って王殺しとは何かを整理しておこう。

古代ヨーロッパにおいては、「王殺し」という習慣があったとされている。この時代の王は、ヒトでありながら神の代理としての性質を持つものとされていた。そして、その影響力が及ぶ領域で天災などが起きた場合、その王を殺して新たな王を立てる必要があった。これは、前王の神性が損なわれたことによって世界の秩序が乱れたため、秩序の回復を図らなければいけなかったからである。これは単なる殺人でもなければ、中世以降に見られるような政権簒奪のための世俗的闘争という性質にのみよるものでもなかった。古代人が王を殺さなければいけなかったのは、それこそが彼らが「外部」に干渉する唯一の手段であったからであろう。

あくまでフレイザーやその後を引き継いだ研究者たちの理論に基づけばの話であるが、この時代の王は人性と神性を兼ねていた。★9 つまり、内部と外部の境界線上の存在であり、人間たちにとっては外部と接触しうる唯一の結節点であった。しかし王が外部性を持っていたとするならば、こちら側の世界で起きる天災などについての責任を負う必要があったのだろうか。外部には因果の鎖が及ばないと考えるなら、王に対する責任追及は無効化されるはずである。となると、王を殺すのは王に責任を取らせることが主目的ではなく、あくまで「外部を外部のまま、内部化せずに世界の外に置いておく」ための手段として、王殺しは機能していたのではないだろうか。

これは歴史学や文化人類学の伝統に沿った解釈ではないかもしれない。だがこのように考えれば、ロボットを外部に置き続けておくための工学的仕掛けが浮かび上がってくる。イエスマンロボットのような、完全に外部性を失ったロボットはいらない。なので「殺そう」。ここでいう「殺す」ということは、内部化しかけているロボットを外部に「押し戻す」ことである。外部に押し戻すということは、説明不可能性を実装することである。

イエスマンロボットのような、完全に説明可能で、意外性のカケラもないようなロボットは、単なる「私」の延長でしかない。古代人たちは、単なる「私」の延長ではなく、外部と「私」＝内部を橋渡しするシステムとして王を設定し、そして殺した。これはおそらく、想像を絶するほどの痛みを伴うシステムであった。「私」の内部・つまり私という主体によって選別され、私にのみ理解できる「意味」を持って解釈されたデータを、いったん全てバラバラに相対化し、それぞれの個別の意味も、その間の因果関係も無効化し、宙づりにしたのである。そして、責任の追及が無効化された存在である王を殺す——つまりこの世界におけるマテリアル性すらも否定することで、その一切を永遠に宙づりのままにした。

この「王殺し」における「王」という概念とロボット・AI工学との関連がピンと来ない人には、例えば「初音ミク」などを思い浮かべてもらえばどうだろう。「初音ミク」は明確なストーリー性を持っているキャラクターではなく、あらゆる様態で私たちの前に現れるキャラクターである。Pixivのようなイラスト投稿サイトを眺めれば、デフォルメされた初音ミクやら、様々な異なる性格付けがされた初音ミクやらが並んでいる。これらは「初音ミク」という大きな概念が、私たちのもとに内部化されて顕現したもの、すなわち一種のインタフェースである。私たちは、「初音ミク」という異界と、私たちの住んでいる世界との境界線上に現れた存在に接しているのだ。

王殺しで殺された王も、本来は異界の存在でありながら、たまたま古代人たちが住んでいた世界との境界線上に出現したインタフェースの一種である。その王を殺さなければいけなかったのは、こちら側の世界における王のマテリアル性を否定するためだ。しかし、この世界におけるマテリアル性を持たないバーチャルキャラクターは、この意味ではすでに殺されているのだ。初音ミクの二次創作が極めて芳醇な量を持っていることも、このこととと無関係ではあるまい。

またここで、第4章で論じた本地垂迹とのアナロジーも思い出してもらいたい。中世人にとって、「仏」は彼岸にいて手が届かない「外部」であったが、それが仏像というマテリアル性を持ったものになった途端、外部から内部のインタラクション可能な神へと変換されるのである。この本来の「仏」と「仏像」の関係は、マテリアル性を持たない「AI」と「ロボット」との関係に、どこか似てはいないか。実際、名古屋大学の小川浩平らは、「仏像ロボット」を実際の寺院に実装するという実験を行っている。★10 この仏像ロボットは、AIにとってのインタフェースでもあり、かつ「仏」にとってのインタフェースでもあることになる。

なぜ私が、あえて「ロボット殺し」という物騒な言葉を持ち出したかがおわかりいただけただろうか。天然知能的HAIを実現するには、ロボットはこちら側の存在ではなく、私たちの手が決して届かない外部の存在として設計しなければいけないのだ。これまで幾度となく繰り返されてきた、ロボットやバーチャルエージェントがすぐに飽きられてしまうという問題を乗り越えるためには、ロボットやバーチャルエージェントとのインタラクションの系を外部に開かなければいけない。それができない限り、いくら内部的な性能を高めても、いずれ同じ問題にぶつかるはずである。

4　人類への告発者としてのロボット

レヴィナスから再び引用する。レヴィナスのテキストは、「他者とは理解不能な存在である」と定義するだけで終わっているのではない。他者とは理解不可能であるからこそ、外部から私たちを問いただし、告発する。

世界の枠組みの中では、他者はほとんど無きものである。しかし、他者は私と戦うことができる。言い換えるなら、他者は、他者を襲う力に対して、抵抗力ではなく、その反応の予見不可能性を対峙させる。他者が私に対峙させるものは、より大きな力、算定不能であるがゆえに全体の一部をなすかにみえるエネルギーではなく、この全体に対する他者の存在の超越そのものである。★11

レヴィナスの議論のこの部分は、工学的な応用可能性を考えることができる。他者と私が対峙した時に起きることは、私の力と他者の抵抗力の比較といったような、変数の比較として記述できるものではない。他者とは、そのような分析的な思考、モデルや学習に依存する思考をそもそも無効化してしまうのである。ロボットやＡＩは、理解不可能な外部の他者として、私たち人類を告発する役割が持てる。決して、人間と仲良くお友達になるだけが能ではない。

誤解されると困る部分なので再び明記しておくが、私はレイ・カーツワイルなどの言うところの「シンギュラリティ論」を想定しているわけではない。そもそもシンギュラリティ論は、ロボットやＡＩの演算能力が人間を上回るという、ごく単純な数値的比較を論じているに過ぎない。いくら演算能力が上がろうが、それらが与えられたデータしか参照できない、人間にとって内部の存在である限り、まったく恐れるには足らない。

むしろロボットやＡＩが人間にとって脅威に映ることがあるとすれば、「演算能力」などという記述可能なもので説明できない相貌を見せた時、あるいは見せそうに私たちに思われた時である。それは例えば、ロボットと対話していて、ふと、「ああ、私がもし何か変なことをすれば、このロボットは私を殺すかもしれないな」と思うことである。その根拠になるのは論理ではないし、いわゆる「感性」でもない。そのような記述可能なもので他者を説明しようとする私たちを、ロボットたちは鋭く告発するのである。

実はロボットは本来、そのような他者性を持っている。ボセデ・エドワーズという研究者らのグループは、学校の教室で使用される教師役ロボットについての研究を多数行っている。その一連の研究の一つで、彼らは非常に興味深い現象を発見した。生徒たちは、ロボットの教師は人間の教師よりも中立的であると感じるようになったのである。★12

実は私も同じような結果を示す実験を行った。実験の材料として、まず、人間の教師が生徒を罰する動画と、ロボットの教師が生徒を罰する動画とを作成した。なぜ生徒が罰せられたのかは、動画内では明らかにならない。さらに私がこの実験で着目したのは、「公正世界信念」と呼ばれる一種の認知バイアスである。★13 これはごく単純に言えば、「いいことをすればいいことが起き、悪いことをすれば悪いことが起きる」という信念である。多かれ少なかれ、誰でもある程度は同意するのではないだろうか。しかし、これは全く非合理的な考え方だ。例えば災害で家を失った人や、難病で苦しむ人、経済的に困窮状態に追いやられている人などは、悪いことをしたからそうなったのだろうか？

困ったことに、「そうだ、そいつらは悪いことをしたからひどい目に遭ったのだ」と考える人はかなりいる。「あらゆる事象には原因がないといけない」という信念が、間違った形で適応されてしまうのである。

実験の話に戻るが、公正世界信念を強く信じている人は、「生徒が罰せられたのは、生徒が悪いことをしたからだ。先生には、生徒を罰するもっともな理由があったのだ」と考えるだろう。

実際に実験を行った結果、確かにそのような結果が得られた……ただし、「人間の教師が生徒を罰する動画」の条件についてのみである。ロボットの教師が生徒を罰する動画の条件では、公正世界信念を信じているかどうかと、生徒に落ち度があったと思うかどうかの間には相関が見られなかったのである。公正世界信念とは、世界で起きる事象の間に因果関係を見出そうとする信念である。この信念を強く持つ人は、それらの事象を全て内部化していると言える。この実験の結果は、公正世界信念を持つ人であっても、ロボットは因果関係の外部、世界の外部であると認識していることを示唆している（図1）。

公正世界信念と同じく、認知バイアスに関する実験として、主観的確率に関する実験も行っている。この実験では、私たちは連言錯誤に着目した。これは古典的に「リンダ問題」として知られるものである。★14 リンダ問題とは、人間が条件付き確率というものを正確に理解できないことを示したものだ。★15

リンダは三一才、独身、率直な性格で、とても聡明である。大学では哲学を専攻した。学生時代には、差別や社会正義といった問題に深く関心を持ち、反核デモにも参加した。

さて、現在のリンダに関して、どちらの可能性がより高いか？

A　リンダは銀行窓口係である。

B　リンダは銀行窓口係で、フェミニスト運動に参加している。

さて、あなたは直感的にどちらを選んだだろうか。

論理的に考える限り、この答えはAである。なぜなら、Bは常にAを満たしているからだ。ある生物が哺乳類である確率が、ある生物が犬である確率よりも常に大きいのと同じ

図1　実験で使用した動画のキャプチャ。

ように、Aは常にBよりも確率が大きい。

しかし、こう言われても納得できない人も多いだろう。これこそが「連言錯誤」であり、私たちの論理的思考とやらを歪めるとされる認知バイアスの一種だ。

私たちはこの実験を引用しつつ、「ロボット版リンダ問題」というべきものを作成した。以下のようなものだ。★16

あるロボットは、腕も、搭載している人工知能も不調だった。ある時このロボットが故障した。このロボットについて、どちらの可能性がより高いか？

A　ロボットは腕を故障した。

B　ロボットは腕を故障し、かつ搭載している人工知能もバグを起こした。

これも先の問題と全く同じく、Aは常にBよりも確率が高い。論理的に考えるなら、参加者はAを選ぶはずである。

この実験では興味深い結果が得られた。人間がこの問題を出す場合よりも、ロボット自身がこの問題を出す時のほうが、参加者は間違った答えを選んだのである。この問題は、主観的に考えることをやめて、客観的に考えれば、正しく答えることができる。しかし、ロボットがロボット自身に関する問題を出す場合、多くの参加者は正しく答えることができないのである。

なぜこんなことになるのだろうか。これもやはり、ロボットは人間が論理的な因果関係の外側にいる存在であると、参加者から見なされているからではないだろうか。ロボットがかかわると、因果や論理といった私たちが当たり前に信じている概念が揺さぶられてしまうようである。

これらの実験結果が示唆しているのは、「ロボットとは、因果関係や世界の法則の外側にいる存在である」と、本来多くの人に認識されているということである。だとすれば、なぜ他者モデルや説明可能性を実装して、彼らを私たちの内部に無理やり取り込まないといけないのだろうか？　人間に対する、社会に対する批判者・告発者としてのロボット・

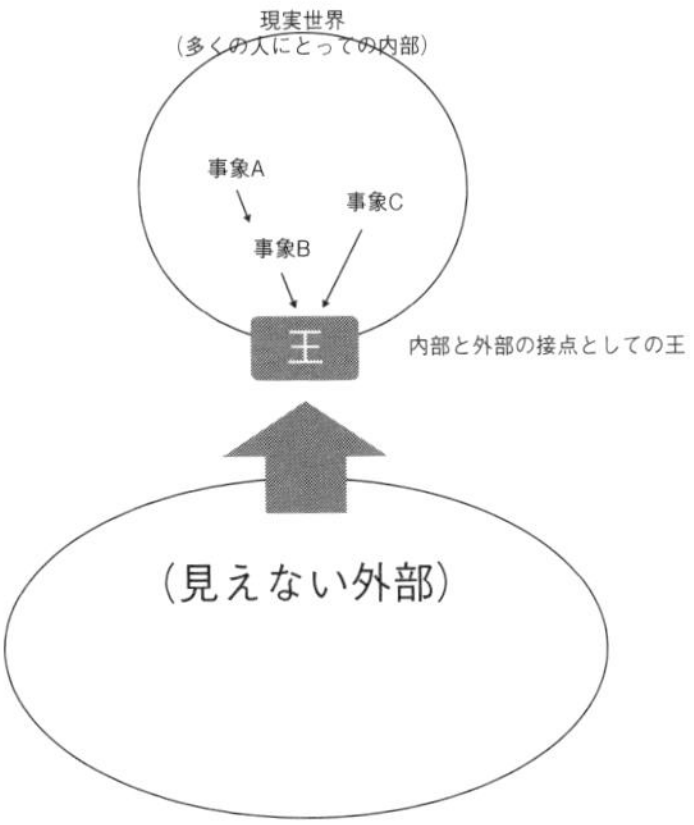

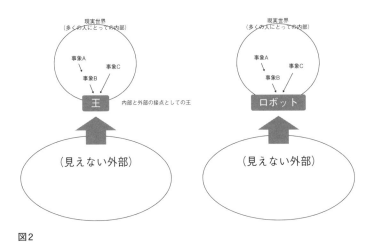

図2

AIを考えてはいけないのだろうか？
なので私は主張するのである。ロボットを殺そう（図2）。

5　期待は裏切られるべきものである

ロボットを殺そうというのは、ロボットを他者モデルや社会性という檻の中から解放して、全くの外部の他者としての性質を回復させようということである。これをあえて「殺す」と表現するのは、一度内部化してしまったものを外部に押し戻すには、相当な痛みが伴うであろうからである。

しかし、天然知能的HAIであれば、そもそも最初から外部に屹立するロボットのみを考える。なので、そこには痛みは伴わないかもしれない。

ここでポイントになるのは「非同期」である。

実際に私たちの行った実験のコンセプトを紹介しよう。日本語には、多くの同音多義語が存在することを利用した実験だ。

例えば、ロボットが「このコートをかけておきますね」という。参加者の多くは、コートをハンガーにでもかけておくのだろうと理解する。しかし、実際にはロボットはコートにアイロンをかけた。ここで参加者は、時間をさかのぼって、「このコートをかけておきますね」というロボットの発話の意味が自分の理解と違っていたことに気づく。それで、参加者からロボットへの信頼は、「なんで紛らわしい言い方をするんだよ」と悪化するだろうか。実は逆で、この場合、むしろロボットへの参加者の信頼は増すのである。これは、ロボットとの会話によって、会話の系が外部に開いたこと、そして非同期的にインタラクションが成り立ったことこそが、ここで信頼が上昇した原因であろう。

付け加えておくが、ここで例えば「このコートをかけておきますね」といったロボットが、全く別のことをやっていたとしたら、人間からの信頼は得られない。あくまで、「かける」という言葉の解釈を後から遡って修正できることこそが、信頼上昇につながるのである。

先の章で見たように、論理や履歴と切り離した外部の存在としてありのままに対峙することこそが、説明不可能な知性を信頼するための条件であった。ロボットやバーチャルエージェントは、比較的簡単にこの条件を満たすことができるのである。これは、彼らが社会のデザインそのものを変えうることを示唆している。なので私は、ロボットやＡＩに「説明可能性」を付与し、あくまで世界の内部に押し込めよう、自分の持っているモデルの中で記述可能な存在にしようとする努力をすることは、彼らの持っている最大の特性を抹殺することに他ならないと考える。

先にVTuberはバーチャルエージェントと比べて飽きられないという話をしたが、その理由の多くは、VTuberは実際に人間が操作している、ということを、受け手側が実は知っていることにあるのではないかと思われる。重要なのは、「実際に人間が操作している」ということではなく、受け手がそれを知っている、ということである。実はロボットやバーチャルエージェントと接する時、実際にはＡＩによって動いているものであれ人間が動かしているものであれ、「これは人間が動かしているんですよ」と説明されれば、多くの人は納得してそのように受け取る、ということが多くの実験で示されている。[★17]

もう少しＡＩの他者性ということについて考えてみたい。私たちは「データ」というものを考える場合、それは全くマテリアル性を持たないものだと思いがちだ。情報科学ではソフトウェアとハードウェアが厳密に区別され、多くの人にとってＡＩはソフトウェアとして認識されている。そして、ソフトウェア＝形を持たないデータという先入観がある。実際には、データであっても究極的にはどこかの記憶媒体というマテリアルの中に存在している。人間における身体のようなものだ。単一のロジックで解析可能だと思われがちなデータでも、その背後にある生身のマテリアル性に思い至る時、予測不可能性という側面を顕現させる。しばしば情報漏洩事件などが起きた時、それもハードディスクを持ち逃げするなどといった古典的手口のそれが起きた場合になって、私たちは初めてそれに思い至る（あなたは、自分の個人情報を含むデータを入れた記録媒体がどこの国に存在しているかをご存じだろうか）。ロボットの他者性には、このマテリアル性が深くかかわっているだろう。★18

まとめよう。ロボットやバーチャルエージェントに対する飽き・対話破綻が生じるのは、それと対峙した人間が、それらを自らの内部だと認識し、自らの持つ他者モデルの中に押し込めて解釈しようとしてしまうからである。他者モデルという数理的なモデルで評価する限り、「このロボットは、〇〇という性能において人間に劣る」といった単純な比較が成立してしまい、それが飽き・対話破綻に繋がる。これを破る唯一の方法は、対峙した人間に、「こいつは、自分の持っている他者モデルでは解釈しきれないぞ!!」と思わせることである。その瞬間、その人間は分析的な姿勢を捨て、ただ目の前のロボットと対峙するしかなくなる。

そして非同期性と説明不可能性こそが、相手を分析せずにありのまま対峙するという姿勢につながるだろう。例えば、私がある日お腹が痛くなったので、ロボットに「私の症状を診断してくれないか」と尋ねる。ロボットは、黙って何も答えない。仕方ないので、私は薬を探しに行く。その時ふと、どういうわけか私はヘッドホンをつけていたままであったことに気づく。そこで初めて、私はロボットが黙っていた(ように私には思われた)ことの理由に気づく。

真の天然知能的HAIとは、きっと、このようなものである。

★1 Crump, Matthew JC, John V. McDonnell, and Todd M. Gureckis, (2013) "Evaluating Amazon's Mechanical Turk as a Tool for Experimental Behavioral Research." *PloS one* 8.3,: e57410.

★2 Collaboration, Open Science (2015-08-28). "Estimating the Reproducibility of Psychological", *Science* 349 (6251): aac4716.

★3　Le Texier, Thibault, (2019) "Debunking the Stanford Prison Experiment." *American Psychologist* 74(7): 823.

★4　例えば全身麻酔（吸入麻酔）などは、現在でもその作用機序がわかっていないが、有用であるという理由で活用され続けている。

★5　Cameron, D., Aitken, J. M., Collins, E. C., Boorman, L., Chua, A., Fernando, S., et al. (2015) "Framing Factors: The Importance of Context and the Individual in Understanding Trust in Human-Robot Interaction," in Proceedings of Workshop on Designing and Evaluating Social Robots for Public Settings (Hamburg).

★6　「半導体の集積率は一八か月で二倍になる」という経験則である。

★7　山田誠二＋角所考＋小松孝徳「人間とエージェントの相互適応と適応ギャップ」『人工知能』第二一巻六号、二〇〇六年、六四八―六五三頁。

★8　ジェイムズ・ジョージ・フレイザー『初版 金枝篇』上・下、吉川信訳、ちくま学芸文庫、二〇〇三年。

★9　ここでいう神性とは、セム的一神教における神のような全能性ではなく、地上の摂理とは異なる秩序にかかわるという属性である。

★10　高台寺「アンドロイド観音マインダー　般若心経を語る」https://www.kodaiji.com/mindar/

★11　エマニュエル・レヴィナス『全体性と無限――外部性についての試論』合田正人訳 国文社、一九八九年。

★12　Edwards, Bosede I., and Adrian D. Cheok, (2018) "Why Not Robot Teachers: Artificial Intelligence for Addressing Teacher Shortage", *Applied Artificial Intelligence* 32(4): 345-360.

★13　Zuckerman, Miron, and Kathleen C. Gerbasi, (1977) "Belief in a Just World and Trust." *Journal of Research in Personality* 11(3): 306-317.

★14　Morier, Dean M., and Eugene Borgida, (1984) "The Conjunction Fallacy: A Task Specific Phenomenon?", *Personality and Social Psychology Bulletin* 10(2): 243-252.

★15　次にあげる例は、現在ではコンプライアンス上問題となる可能性があるが、古くから使われている例であるためそのまま挙げる。

★16　Frontiers in Psychology誌に投稿中。

★17　Edwards, Autumn, et al., (2016) "Robots in the Classroom: Differences in Students' Perceptions of Credibility and Learning Between "Teacher as Robot" and "Robot as Teacher"", *Computers in Human Behavior* 65: 627-634; Pfeiffer, Ulrich J., et al., (2011) "A Non-Verbal Turing Test: Differentiating Mind from Machine in Gaze-Based Social Interaction", *PloS one* 6(11): e27591など。

★18　ＨＡＩでは「身体性」という語がよく使われる。これは、ロボットやバーチャルエージェントが自らの身体を持っているという属性である。私の言う「マテリアル性」は、身体にこだわらない物質性を持っているという意味であり、やや異なる。

第6章　教室の中の天然知能的ロボット

1　不気味の谷はどこにある？

前章までで、ＨＡＩという研究分野について、現時点における問題点とそれを克服する手段について、そのモデルと実験の双方から論じてきた。本章ではここまでのまとめとして、天然知能的ＨＡＩに基づいて「外部の他者」を実装することができた場合、それは果たして社会にとってどんな意味があるのかを考えてみたい。

その前に、ロボットおよびバーチャルエージェントの具体的なデザイン論を、ここで改めて提示しておこう。まず外見について、ある程度人間と同じような外見――例えば目と口のある顔、などは必要だろう。それらがないと、私たちはそもそも彼らを「他者」として認識することができないかもしれないからだ。先にも少し触れたが、「ロボット・バーチャルエージェントの顔」というのは、一般に思われている以上にＨＡＩにおいて重要なファクターである。さほど精巧な「顔」を作らなくても、ただ丸を三つ並べて目と口に見立てるだけでも、人間から受け取る信頼感は大きく異なる。どうも、私たちは機械であっても「顔が見える」相手のほうを信頼するようにできているらしい。さらに、顔や目の向きや動きで、ロボットの「感情」に相当する内部状態を人間に簡単に伝達できるという利点もある。

なお、ロボットやバーチャルエージェントの外見と言えば、昔からよく言われる「不気味の谷」★1を避けては通れない。これは森政弘★2が一九七〇年に提唱した、「ロボットの見た目が人間に近づくと人間からは好意的に見られるようになるが、その「人間っぽさ」がある一定の基準を超えると、一気に「不気味」と感じられるようになる、という仮説である。これは人体模倣技術に限界があった提唱当時は、どちらかといえば思考実験に近い性格のものだったが、その後実験的にも確かにそのような現象が見られることが示されている★3。

この現象が起きる理由は、私には、ロボットやバーチャルエージェントが「内部」――すなわち私たちにモデル化可能な存在と、「外部」――モデル化できない存在との境界を踏み越えようとするためではないかと思える。前章までで述べたように、人間はロボットやエージェントに接した時、とりあえずそれを「外部の他者」として認識する。少なくとも、そのような側面を少なからず持ったものとして見なす。しかし、実際に対話を始めてみると、その動作が完全に予測可能なものであることに気づき、所詮「内部」に属するものとして処理しようとする。この時、ロボットやバーチャルエージェントは、その人にとって完全にモデル化可能な存在であり、かつそのモデルから外に出ないものであるとされる。ところが、さらに対話を続ける中で、そのロボットやバーチャルエージェントの中に「外部からの他者」性を再び見出すとしたらどうだろう。その時、ロボットたちは、内部の存在であったはずなのに、気が付けば見通せない無限の外部から人間を手招きしているのだ。その両義性こそが、人間に「不気味さ」をもたらすものではないだろうか。言い換えれば、「不気味の谷」とは実際には、内部と外部の境界線上にこそ存在すると言える。

ともあれ、ロボットやバーチャルエージェントの外見はある程度人間に近いほうがいいが、そこまで精密に人体を模倣する必要はないと考える。これまでに行われてきたロボット・バーチャルエージェントのデザイン面の研究を振り返ってみても、「どこまでも人間に近づける」こと自体にはそこまで効果はないようだ。むしろ生物とも機械ともつかないようなロボット性を人間に与える余白を有しているほうが、あらゆる局面において受け入れられやすいようである。続けて対話のデザインについて考えよう。再三述べてきたように、本書で重視したいのは説明不可能性を実装した天然知能的HAIである。天然知能的HAIのデザイン論の大きな特徴は、後ほど説明する「非同期性」ということである。これまで、対話ロボット・対話エージェントにおいては（あるいは他のロボット・エージェントにおいても）、同期性は自明の前提として扱われてきた。ＨＡＩ系の学会発表や論文を見てもらえば、ほとんど全ての研究が同期的インタラクションを扱っていることがおわかりいただけるだろう。ここで言う「同期的」とは、かなり厳密で狭い意味である。すなわち、ロボットが何かを喋ったら、それに対して人間が何かを返す。そしてそれに対してロボットがまた答える……といった、一対一の応答がひたすら続くというのが基本的なイメージである。

すでに第1章で論じたように、頑健な他者モデルを志向する人工知能的ＨＡＩにおいては、私と他者を常に一体的な系としてのみ考える。ここでは私と他者は、自明的に常に同じ時間軸に従う。一方、私と他者が同じ規則に従うかどうかを重視する自然知能的ＨＡＩでは、他者が私と別の時間軸に従っているとしても、常に同期的に反応することが求められる。ルールが変わった時に、それにすぐに合わせてくれないと困るからだ。

しかし、これまで見てきたように、非同期的インタラクションは私たちの周りにどこにでも存在している。そして非同期的インタラクションこそが、一対一の閉じた系を開放し、外部へと開くことを可能とするものである。

非同期的インタラクションの一例を挙げよう。誰だって、何気なく聞き流した誰かの言葉を、「不意に」急に思い出して、そこに新しい意味を見つけることがあるだろう。これは対話に限ったことではない。本を読むことを考えてみても、一度読んだ本を「不意に」読み返してみて、一度目に読んだ時とは異なる意味を見出すことがあるものだ。「同じ文章だったら、何度読んでも同じ意味しか読み取れないだろう」と言う人は、極めて人工知能的な人である。[★4] このように、現実世界でのインタラクションとは、主体Aの発話→それに対する主体Bの反応→それに対するAの反応……といったように、線状的にステップバイステップで記述されるものとは限らない。むしろ時間を遡ったり、場合によっては（主観的な）因果関係すらも逆転させてしまうような、時系列の自由さこそが、実世界でのインタラクションの特質であると言ってもいいくらいだ。

なので天然知能的HAIのデザインするロボット・バーチャルエージェントには、何らかの形で非同期的インタラクションの仕掛けを実装していないといけない。それは同時に、「説明不可能性」を担保する仕掛けにもなるはずだ。

ここまで述べたことを、今度は人間（ユーザ）側の視点で語り直してみよう。ここまで見てきたように、少なくとも一部の人間は、ロボット・バーチャルエージェントには、元来「外部の他者」性を自然と感じる。しかし同時に、第2章で説明したように、工業製品を単純なメンタルモデルで解釈しようとする傾向性も強く持つ。メンタルモデル理論が計算機科学で受け入れられたことにも見られるように、私たちは家電など工業製品を使う場合には、その製品の「こう操作すれば、こう動く」という単純なメンタルモデルを心の内に作り上げる。そして、それを微修正しながら、製品の使い方を覚えていく。これは未知の製品を「内部化」する過程である。なので、ロボット・バーチャルエージェント側に少しでも「内部化」を許すような仕掛けがあると、それらを完全に「私」の内部に取り込もうとする。言い換えると、自分の持っている他者モデルの中に、彼らを完全に当てはめようとする。この時、人間の内部には他者のメンタルモデルが形成される。そして、「このモデルに当てはめれば、こういう入力に対してはこういう出力を返すはずだ」と考える。

ただし、もちろん人間側のこのような心的傾向にも差異がある。ロボットや人工知能に対する印象や態度に、統計的な処理をすると隠れてしまう個人差が存在することもまた、これまでの研究で明らかになったことである。年齢層や性別によっても多少の差が見られる他、属する文化圏によっても様々な差異が見られる。その中には、ここまで論じてきたようなロボット・バーチャルエージェントのデザイン論に大きな影響を与えうる差異も含まれる。

いずれにせよ、いままでの工学としてのHAIが目指してきたのは、「どんな人でも、単純にモデル化できるロボット・人工知能」である。ロボット・バーチャルエージェントの「外部の他者」性をあえて抹殺し、同時に人間の個人間の差異も無視し、完全に内部化できる、すなわち手懐けることができるようなロボットたちを作ろうとしてきた。しかし、この状態は完全な袋小路である。人間とロボットは一対一の閉じた系の中に閉じ込められ、手持ちの資源だけで対話をやりくりしないといけない。そんなことは長くは続かないので、対話破綻は早々に訪れる。

この袋小路を回避するためには、人間が心内に作り上げた「内部化した他者」、この頑健な他者のメンタルモデルを解体することだ。内部に侵入しようとしたロボットを、再び外部に押し出すのである。これは古代の王殺しと同じだ。私たちは王を殺す代わりに、私たちの中にしか存在しない、内部化されたロボット、頑健な他者モデルに従うロボットを殺そう。

2　人工知能化する教育

実際にロボット・バーチャルエージェントを導入することが積極的に検討されている分野の一つに教育現場がある。その背景には世界的な教員の人手不足[★5]、そしてCOVID-19の世界的流行がリモート授業の導入を後押ししたことがある。日本国内でも、私も含めて多くの研究者によって実証実験などが行われている。

やや話が脱線すると思われるかもしれないが、近年教育現場で問題視された話題、特に「マナー」に関するものなどを見てみると、私にはその背後に、郡司の言う意味での「人工知能」的思考が強力に働いているように思えてならない。

例えば、道徳の教育現場に導入されたり、一部の教育関係者が好意的に取り上げたりして問題視された「水からの伝言[★6]」と、それと類似の一連の主張がある。これは「ありがとう」と紙に書いて水の容器に貼って凍らせれば綺麗な結晶ができるとか、あるいは同じく「ありがとう」と書いた紙を食べ物に貼っておけば腐らないとか主張するものだ。かなり以前に問題視されたため、すでに過去の話題と思っている人も多いだろうが、現在でもS

NSなどでは時折亡霊のごとく蘇って主張されている。その主張をする人の中には、教育関係者や、自分の子供にそのように教えているなどと誇らしげに語る人々もいる。

この理論の支持者らの行っている実験が科学的に無意味であることは、既に散々指摘されているので繰り返さない。[★7] このような主張を受け入れてしまう心理の背景には、論理的・統計的思考などの科学リテラシーの欠如があることは間違いないだろう。

しかし、私にとっては、真に問題なのは「「ありがとう」は綺麗な言葉である↓よって、「ありがとう」と言うべきだ」というシンプルすぎるロジックであるように思われる。

百歩譲って、「ありがとう」という言葉に実際に水の結晶を綺麗にしたり、食物の腐敗を抑えたりする力が仮にあるとしよう。しかし、だとしても「なので、「ありがとう」という言葉はいい言葉なので使うべきだ」という結論は得られない筈である。「水からの伝言」の支持者らは、「綺麗な水の結晶ができる」ということと、道徳的に善であることとを安直に結び付けているが、そもそも「結晶の形の綺麗さ」などというものはどうやって決まるのだろうか？　それは当然ながら、「私」の主観によるものだろう。つまり「水からの伝言」の支持者は、「「私」にとって綺麗な結晶ができるから、「ありがとう」はいい言葉だ」と主張しているだけであり、そこには他者の存在は全くない。彼らは表面上は、

「美しい言葉をお互いに使うことでお互いにいい気持ちになろう」というような主張をしているように見えるが、実際には完全に「私」一人の論理、すなわち「内部」の論理の中に閉じこもっているのである。

「ありがとう」という言葉が食物の腐敗を抑える、などという主張も同様だ。そもそも「腐敗」とは、微生物によって実現される、自然界においては全く正常なプロセスである。ただ、その過程でできる物質が人間に対して有害であるという理由で、「発酵」と区別して呼ばれているだけだ。正常な自然界のプロセスを阻害することが、単純に善と呼べるのだろうか（私なら、もし本当に「ありがとう」という言葉にそんな強力な殺菌・抗菌作用があるのであれば、「ありがとう」の使用を控えないといけないと思うのだが）。

そもそも「ありがとう」が綺麗な言葉かどうかというのは、状況によるものだろう。文脈によっては、皮肉や嘲笑の意味で「ありがとう」と言う場合があることは、誰でも知っている。「ありがとう」がいい意味で使われるという、特定の状況しか指さない一対一の閉じた系を想定して、かつそれを水の結晶だの食物の腐敗だのといった現象とを結びつけるというこの態度は、まさに病的に人工知能じみている。

もっとわかりやすい「人工知能的教育」をやっている例がある。酒井式画法と呼ばれるものだ。[★8] 子供の描く絵には、特有の「子供の絵っぽさ」というものがあり、それはしばしば見る人を和ませる。酒井式画法においては、そのような絵における「子供の絵っぽさ」を構成する要素を分析して分類し、それを技巧化して、子供たちに「大人が見て喜ぶような絵」を再現させるために意図的にそのような技巧を使わせるのである。これはまさに、入力データからパターンを見出して、それを組み合わせて出力するという、人工知能（正確に言えば機械学習）がやっていることと全く同じことを子供たちにやらせているわけである。もし仮に近い将来「美術を教える人工知能教師」なるものが生まれるとしたら、それはきっと、酒井氏のようなものに違いない。

さらに言えば、「水からの伝言」の支持者とこの酒井式画法の支持者は、かなり重なる部分があるようである。一見互いに無関係に見えるトピックであるが、その底流には共に人工知能的な、言い換えれば「外部を無視した」思考方法が共通して流れていることを思えば、これはさほど不思議ではないかもしれない。

3　論理vs感性という矛盾

このような頑健な人工知能的態度を持っている研究者が、教育現場での教師役ロボットというテーマの研究を行ったとしたら、どんなことをやろうとするだろうか。例えば、教室の片隅にロボットを立たせておき、子供たちに「おはよう」と挨拶をすることで、子供たちに挨拶の仕方を教えよう、などと考えるのではないだろうか。

正直なところ、私が現在もっとも危惧しているのは、このような研究が行われるのではないかということである。せっかくロボットという、本質的に「外部の他者」であるものを導入しているのに、ロボットごと内部の中に押し込めてしまい、内部のルールをひたすらに再生産するだけで、一歩も外部に出ることができない。そんな研究なら、やらないほうがマシではないかと思う。

前章でも触れたように、実際にロボットを教育現場に用いることについて研究をしているエドワーズらは、生徒たちはロボットを「中立」な存在だとみなす傾向があることを指摘している。教育における中立性というテーマはあまりに大きな問題領域なので、私には踏み込んで論じることはできない。しかし一つ指摘しておかなければいけないのは、ロボットの教育現場での使用という研究を行うに当たって、ロボットが生徒からどう見られるのか――すなわち、単なる人間の教師の代替、あるいはその身体の延長でしかないのか、それ以上の属性を持ちうるものなのか、という点については、まだ十分に掘り下げられていないということである。

またもやになるが、私たちが実施した実験を紹介しよう。ロボット教師については、「何を教えるのか」という点はこれまでの研究ではそれほど重視されてこなかった。これまでに出された論文を読むと、科学教育やプログラミング、ロボット工学などを教えるというシチュエーションが採用されている研究が多いようだ。[★9] これは、「ロボット＝理系・機械・論理的・冷静」といったイメージを、多くの生徒も持つだろうという予見（さらに加えて、このような研究に従事する研究者が実際に大学で教えているのが、プログラミングやロボット工学であるという現実的な事情）に基づいているのだろう。

そこで私たちは、人間の教師とロボットの教師それぞれが、「人間の歴史」もしくは「ロボットの歴史」を教えた場合、生徒側の理解度に差異が見られるのかを検証した。[★10] 結果はある意味で予想通りだった。人間の歴史を教える場合は、人間の教師のほうがロボットの教師よりも向いている。一方、ロボットの歴史を教える場合は、人間の教師とロボットの教師の間に差異が見られなかったのである。これだけを見れば、「ロボットなら理系の科目を教えたほうが向いている」というイメージ自体は正しいようだ（図1）。

しかし、これは本当に「ロボット＝論理的」というイメージに支えられたものだろうか。次に私たちが行ったのは、この部分を掘り下げる研究である。今度は、「ロボットが科学リテラシーを教える」という設定で実験を行った。★11 科学リテラシーというのは、この場合、怪しい疑似科学などにひっかからないように教育を行うことである。この実験では、複数の疑似科学的なテーマについて、ロボットが「論理的に批判する」という授業と、「感性的に批判する」という授業の二つを用意して、生徒に与える影響を調べた。

結果、批判するテーマが例えば「マイナスイオン」のような疑似科学的テーマの場合は、やはりロボットが論理的に批判することによる効果があった。しかし、「ＥＴＨ（地球外生命体仮説＝未確認飛行物体が異星人の乗り物であるという仮説）」を批判する場合だと、この「論理が勝つ」という傾向が見られなくなるのである。これはあるいは、異星人とロボットがともに「外部の他者」性を持っていることに起因しているのかもしれないが、まだそこまでは断言できない。重要なことは、「ロボットが論理的に説明することが一番効

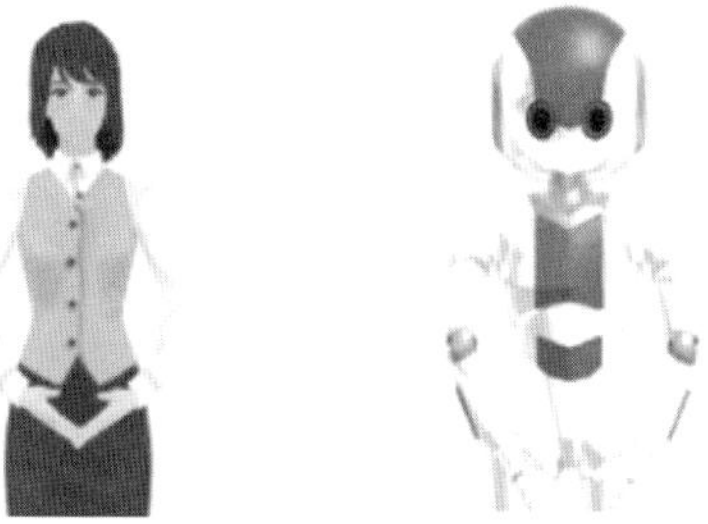

図1　★10、11の実験で使用した、人間型教師エージェントとロボット教師エージェントの動画のキャプチャ。それぞれが「人間の歴史」「ロボットの歴史」に関する授業を行った

果がある」というごく自然な仮定が、常には成り立たないことである。

ここまで本書の中でも繰り返し述べてきたように、現在の世界ではデータ→ロジック→トゥルースという単純な計算論的世界観が幅を利かせている。そして、ロボットやＡＩは一見すると、この世界観の権化のような存在に思われがちだ。

例えば、「現在ＡＩは論理的な文章を読める（理解できる）水準にまで達しているので、そのような文章が読めない子供たちよりも知的である」というような言説がある。[★12] 私などには、ある決まったルールに基づいて書かれた文章の内容を理解できるかどうかなどということが、知的水準なるものの指標になるとは全く思えないのだが、ＡＩやロボットの本領はある単一の変数の値において人間を上回ることである、と認識している人々にとっては、さぞかし重要なことのようである。

さらにこの言説は、「論理国語」と「文学国語」を切り分け、子供たちには主に「論理国語」を教えるべきであるという、★13教育界における流れと結びついているようだ。論理国語というのは、すでに述べたように完全に記述可能で単純なルールにのみ基づく文章ということである。まさに教育の「人工知能」化も極まったという感がある。

これに対して、当然ながら文科系の研究者からは反発の声が大きい。しかし私にとって不満に思えるのは、反論者側もその多くが「論理国語vs文学国語」という対立構図を自明のものとして捉え、「文学国語」を擁護する立場で「論理だけが全てではない」という論調に終始していることだ。

すでに第4章で論じたことだが、論理vs感性という対立構図は、あくまで微視的なものに過ぎないと、私は思う。論理的世界観は、言うまでもなく頑健なモデルをまず想定し、それに適合するように世界の要素を解釈することである。この中では、何が原因で何が結果なのか、何と何が因果関係で繋がっているのかということを記述することが重視される。

一方、感性的世界観は、この論理的世界観に相対することを標榜する。しかし、よく見てみれば、その中身は実は論理的世界観と大差はない。感性的世界観では「花を見て美しいと思う」ということを重要視するが、「花」と「美しい」の間に関連を見出すようなモデルを前提としている点では、論理的世界観と変わることがないのだ。違いとしてはただ一つ、「花」と「美しい」の間に科学的な因果関係が定義できないということに過ぎない。確かに「なぜ花は美しいのか」は理屈では説明できないかもしれない。しかし、「花」と「美しい」が一対一関係で結ばれているという点では何ら変わらないのだ。人工知能であれば、「こういう花を見ると、人間は美しいと思うんだよ」などということは、すぐに学習してしまう。よって、感性的世界観も頑健なモデルを用意して、それに当てはまるように世界の要素を解釈していく、という、論理的世界観と全く同じことをやっているに過ぎないのだ。

すでにお気づきとは思うが、この二つの世界観は、どちらも本書で論じてきた「内部」の中に完全に収まってしまう。手持ちのモデルでは解釈できないものが、外部から不意に現れた時に取る態度は、どちらの場合も全く同じだ。すなわち、昔話の「さとり」のように恐慌をきたすか、さもなければ「見えないもの」として無視してしまうからだ。

教育と情報工学に関するトピックスとしては、「プログラミング教育の必修化」に関しても触れておきたい。二〇二〇年からは、ついに小学校でプログラミング教育が必修化された[★14]。これに関しても推進派・反対派の間で、ここに至るまでに様々な議論が繰り広げられてきた。この議論の図式としては、前述した論理国語vs文学国語の議論と基本的には同じようである。すなわち、「論理的思考」を教えることの有用性を唱える推進派と、「論理だけが全て、のような世界観を子供に植え付けるのはよくない」と主張する反対派と、単純化すれば見なすことができる。

私には、やはりこの議論は先の論理国語vs文学国語の場合と同じく、いまだ表層的な段階に留まっているように思われる。論理vs感性という対立構図が表面的なものに過ぎないことは既に見た。加えて、プログラミング教育に関する議論では、そもそも「プログラミング」とは何かという、中身に関する議論がほとんどないように思われる。

推進派は「論理的思考の重要性」といったことを訴えるが、実際にプログラミング教育で想定されているようなタスクを見てみると、論理的思考を鍛えるというよりは、単なる「パズル解き」に終始しているような印象を受ける（それが実務的には必要とされる能力なのかもしれないが）。

私自身は、技術としてのプログラミングを、初等教育から教えること自体は特に反対しない（強く賛成もしないが）。だが、その授業の中身は単なるパズル解きではなく、プログラミング言語の歴史や特性なども包括したものにするべきだと思う。例えば関数型言語とオブジェクト指向言語の設計思想の違いを学ぶことで、同じ問題を「論理的に」解く手段は決して一つだけではないことを知ることができるだろう（この意味で、子供向けのグラフィカル言語などを用いることは、むしろ反対である）。プログラミングや情報工学は、世界の外部に手を伸ばす手掛かりを得るツールにもなれば、世界の内部に閉じこもり、外部への感覚をますます鈍らせるツールにもなりうる。そのことを忘れてはならない。

4 「わかりあえる」「わかりあえない」を乗り越える

私たちが本当にやらないといけないことは、論理も感性も一緒くたにしてその中に包含してしまう頑健なモデルから逃れ、一対一の閉じたインタラクションの系を破り、その外へ、外部へと手を伸ばすことだ。

教室にロボットを置くのなら、生徒たちにとって容易にモデル化可能な存在ではなく、説明不可能性を持った存在、「外部の他者」性を持った存在としてデザインしよう。このロボットは、必ずしも挨拶なんかしない。いつもしないわけではないし、ランダムでしたりしなかったりするわけでもない。挨拶をするかと思ったら、全然別の話を始めたりするし、翌日になってから「昨日はコショウを食べすぎたせいで挨拶ができませんでした」などと言ったりする。生徒の顔と名前は覚えるが、生徒の言動を学習して、相手によって態度を変えたりはしない。ただ、覚えるだけである。そして、ある日突然教室からいなくなる。かと思ったら、数日後には何食わぬ顔で教室に戻ってきたりする。

このロボットは、教室の中で起きること、正確に言えば教室内の人間の間で起きる事柄に対しては、常に超然として外部に立つ。それでも多分、子供たちはこのようなロボットに愛着を持つようになるだろうし、友達になろうとするかもしれない。

しかし、友達になろうとして手を伸ばしても、決してその手を握り返さない――むしろ手を伸ばせば伸ばすほど、その手が届かない場所に行ってしまうのが、このロボットなのだ。ドラえもんが、のび太といくら仲良くなっても最後には必ず未来に帰ってしまうように、このロボットはいくら生徒たちと仲良くなっても、いつか、何の前触れも理由もなく、その本来の居場所である「異界」に去ってしまうかもしれないのだ。その異界とは、かつては天狗や山の神がいた領域、すなわち世界の因果関係の外部である。

やがて、教室内でこんな会話が始まるかもしれない。

「あーあ、せっかくの遠足だったのに、なんで雨になっちゃったんだろう？」

「ロボットくんのせいなんじゃない？」

「なーんだ、ロボットくんがやったのなら仕方ないよねー」

★1　Borody, Wayne A. (2013) "The Japanese Roboticist Masahiro Mori's Buddhist Inspired Concept of "The Uncanny Valley" (Bukimi no Tani Gensh?, 不気味の谷現象)", *Journal of Ethics and Emerging Technologies* 23(1): 31-44.

★2　現・東京工業大学名誉教授。日本におけるロボット工学の先駆者の一人であり、ロボットコンテスト、通常ロボコンの創始者としても知られる。

★3　Kätsyri, Jari, et al., (2015) "A Review of Empirical Evidence on Different Uncanny Valley Hypotheses: Support for Perceptual Mismatch as One Road to the Valley of Eeriness", *Frontiers in psychology* 6: 390.

★4　哲学史をご存じの方なら、この種の「再読」によって学問に新たな進展がもたらされた例が多数あることをご存じだろう。例えばドゥルーズによるベルクソン解釈などである。

★5　Ingersoll, Richard M., and Thomas M. Smith., (2003) "The Wrong Solution to the Teacher Shortage", *Educational leadership: journal of the Department of Supervision and Curriculum Development, N.E.A* 60(8) :30-33

★6　江本勝著、ＩＨＭ総合研究所編『水からの伝言——世界初!!　水の氷結結晶写真集』波動教育社、一九九九年。

★7　例えば左巻健男『水はなんにも知らないよ』（ディスカヴァー携書、二〇〇七年）など。

★8　酒井臣吾『酒井式描画指導法♥：新シナリオ、新技術、新指導法：絵画指導は酒井式で！パーフェクトガイド：進化し続ける酒井ワールド』（学芸みらい社、二〇一五年）など、酒井氏は関連書籍を膨大な点数出版している。

★9　Belpaeme, Tony, et al., (2018) "Social Robots for Education: A Review", *Science robotics* 3(21).

★10　Matsui, Tetsuya, and Seiji Yamada, (2019) "The Design Method of the Virtual Teacher", Proceedings of the 7th International Conference on Human-Agent Interaction.

★11　Matsui, Tetsuya, and Seiji Yamada, (2020) "Effect of Robot Agents on Teaching Against Pseudoscience." 2020 29th IEEE International Conference on Robot and Human Interactive Communication (RO-MAN). IEEE.

★12　新井紀子『ＡＩ vs. 教科書が読めない子どもたち』東洋経済新報社、二〇一八年。

★13　文部科学省「高等学校学習指導要領（平成30年告示）」。

★14　文部科学省「小学校プログラミング教育に関する資料」https://www.mext.go.jp/a_menu/shotou/zyouhou/detail/1416328.htm（二〇二一年八月三〇日閲覧）。

第7章　これからのＨＡＩに向けて

1　ＨＡＩおよびロボットの課題

前章では、「教育」という枠組みの中で、天然知能的ＨＡＩに何ができるのかを考察してきた。

最後の章となるここでは、いよいよこれからのＨＡＩ研究、およびロボットや人工知能研究がどうなるべきであるかについて、私なりの考えを述べさせていただきたい。

第1章でも述べたが、国際的なＨＡＩ研究界において、日本人研究者が占めるプレゼンスはかなり大きい。このことを指して、機械学習をはじめとする人工知能の分野ではアメリカや中国の後塵を拝している日本であるが、「ＨＡＩ研究では日本がリーダーである」と誇らしげに語る若手研究者もいる。[★1] しかし、喜んでばかりはいられない。現在のＨＡＩ研究は、まさに「日本人が中心であること」による弊害を蓄積させているからだ。

まずここでは、私が、今後ＨＡＩ分野が取り組むべきであると考える課題についてリストアップしておきたい。

1　人工知能的ＨＡＩ、自然知能的ＨＡＩに並立する、もう一つのアプローチとして天然知能的ＨＡＩを確立する。

2　個別のコンテキストの中で有効なモデルやデザインを探索する博物学的研究の段階から、統一理論の提案へと舵を切る。ただし、それは頑健な他者モデルではない。

3　現象学偏重主義を改善する。

4　「神」や「異類」を俎上に載せる場合は、その概念を十分整理し、自文化中心主義に陥らないように留意する。

5　「他者」を理解不能な無限である、ということを工学的に定式化する。

6　「私」の特異性を前提に考える。

7　普遍的なシステムではなく、個別的なエージェントを志向する。

最後の章である本章では、これらの課題の一つ一つについて、私の考えを述べさせていただこう。

1-1 人工知能的HAI、自然知能的HAIに並立する、もう一つのアプローチとして天然知能的HAIを確立する

これは、本書の最も重要なテーマとして、繰り返し論じてきたことである。しかしここではいま一度、最初に示した図式に従って、この三つのアプローチの違いを再確認しておこう。

「人工知能的HAI」とは、「私」にとって利用可能な情報のみを認識し、世界の中に位置づけるというスタンスのものであった。頑健な他者モデルこそが、その最たる象徴である。「人工知能的HAI」における「私」は、「私」が持っている他者モデルを通じてしか他者を認識できない。他者の持つ様々な変数を、その頑健な他者モデルの中に落とし込んでいくのだが、どうしても落とし込めないものは切り捨てる。結局、「私」の中には、「私」にとって解釈可能な形に歪められた他者の幻影が形作られる。「人工知能的HAI」は、決して「外部」、自分のモデルで理解できない他者を認めない。

「自然知能的HAI」は、「私」と同じ規範を共有できるかどうかによって、他者かどうかを判定する。同じ規範を共有できないものは、他者とは認められないので、技術によって矯正されなければならない。幼稚園のお遊戯に参加していない子は、センサーによって

特定されて、お遊戯に参加するように促されないといけない。「みんなでお遊戯に参加すること」が、この系において「他者」として認めてもらうための条件なのだから。

本書で私が擁護してきた「天然知能的ＨＡＩ」は、「人工知能的ＨＡＩ」「自然知能的ＨＡＩ」がひたすらに拒絶してきた「外部」に対して開く。一対一の系ではなく、その外側から常に何かを迎え入れる。そして、外部からやってきたそれと、「自然と」向き合う。そのために用いるのは、「非同期性」という仕掛けだ。

私は人工知能的ＨＡＩ、自然知能的ＨＡＩを完全に否定したいわけではない。むしろ、これに天然知能的ＨＡＩが加わることによって、それぞれに得意分野を担当してお互いに補い合うのが理想的な姿だろう。

１‐２　個別のコンテキストの中で有効なモデルやデザインを探索する博物学的研究の段階から、統一理論の提案へと舵を切る。ただし、それは頑健な他者モデルではない

すでに述べたように、現在のＨＡＩ研究は、特定のコンテキストにおいて最も有効なデザインを提案するという、長大なロボットのカタログを埋めるためであるかのような博物学的研究の段階にある。そろそろここから脱して、統一理論の提案への道筋を考えるべき

だろう。しかし、その統一理論には、頑健な他者モデルは残念ながら役には立つまい。他者モデルを頑健にすればするほど、それはある特定のコンテキストにのみ特化したものになるはずだ。つまり、必然的に汎用性は損なわれる。すでに述べたように、「あらゆるコンテキストで有効な他者モデル」と、「特定のコンテキストでのみ有効な他者モデル」は明らかに両立不可能なのだ。

では、それに代わるどのような道具立てが有力なのか。これについては後で述べよう。

1-3 現象学偏重主義を改善する

HAIに限らず、ロボット工学者やAI研究者が好んで読む哲学者は現象学者である。これは、天然知能的HAIが志向する、「私」を世界の中心として、世界に存在する全てのものを「私」にとっての価値という観点からのみ解釈しようという姿勢と、現象学が極めて相性がよかったから——少なくとも、工学者たちは現象学をそのように利用してきたからである。

しかし、HAIは「他者の工学」である。であれば、他者に対して最も真摯に考えた哲学者たち、レヴィナス、ブーバー、ドゥルーズ、ネーゲルらを一顧だにしないのは、どう考えてもおかしいのではないか。これまでは、これらの研究者たちの理論は、現象学や分析哲学と違って、理工系の研究者たちの道具では解釈しにくい、および理系の研究の中に取り込みにくいという問題があった。しかし、すでに私たちは、「他者」を、少なくとも多くの人々に他者とみなされるロボットや人工知能を、この世界に顕現させることには成功した。であれば、これらの他者論の哲学者たちの理論を、工学的な視点から果敢に取り入れていかねばならないだろう。郡司によるベルクソンやドゥルーズを理数系科学に応用する試みなどは、一つの大きなモデルケースになると思われる。★2

1-4 「神」や「異類」を俎上に載せる場合は、その概念を十分整理し、自文化中心主義に陥らないように留意する

これはまさに、HAI研究の中心を担っているのが日本であることに起因する問題である。本書でもここまででしばしば述べてきたが、HAIでは神や宗教を俎上に載せている研究も多い。しかし、そこでは多くの場合、「神」概念が十分に整理されずに使われている。ややもすれば、単なる「人知を超えたもの」というアイコンという程度の意味合いで使われているように見える場合もあり、倫理的にも大きな問題を孕んでいると思われる。

そもそも、日本語の「神」という言葉には非常に問題がある。ユダヤ、キリスト、イスラムといったセム的一神教が想定する人格神としての神と、アニミズム的な土俗宗教の神とは、本来全く異なるエージェントである。

これはインタラクションという観点から見た場合、特に大きな差異として理解される。聖書を読めば、セム的一神教の「神」は一見すると人間とインタラクション可能な存在でありながら、実際には人間にとって理解不可能な他者、「外部の他者」として振舞うことが読み取れる。この神は、人間が善行を積んだり祈りを捧げたりしても、必ずしも報いてくれるわけではない。そのような、「よいことをしたから、よいことを返してくれるはずだ」というような、ごく単純なモデル化を全く否定する存在である。例えば「ヨブ記」を見れば、そのことは一目瞭然であろう。ヨブは高潔な善人であり、罪を犯さなかったにもかかわらず、神によって筆舌に尽くしがたい苦しみを味わわされる。一見理不尽なように思えるが、そもそもこれこそが「他者」の本質ではないだろうか。「私」が善行を積んでいるつもりでも、それが他者からどう評価されるかなどはわからないのだから。

このような神と、私たち日本人が古来より信仰してきたとされるアニミズム的な土着の神とは、果たして同一視可能なものだろうか。——宗教学的、文化人類学的にということではなく、あくまで工学的に同一視できるか、ということを考えてみよう。
日本には「困った時の神頼み」という言葉もあるように、神と人間とは直接的にインタラクション可能な存在として考えられていたように思われる。このような神を想定してシステムをデザインするなら、当然、理解可能性・説明可能性を重視した、人工知能的なものになるだろう。一方、セム的一神教の神とは、前述したように「外部の他者」、天然知能でのみ扱える存在と考えたほうがいいように思われる。
このことだけを比較しても、これらの二つの「神」が全く違う性質を持ったエージェントであることは明らかだろう。それは歴史学的な研究からも裏付けられている。すでに引用したように、佐藤弘夫は中世日本の起請文の研究から、中世人にとって「仏」とはモデル化不可能な外部の他者、「神」とはモデル化可能な内部であったことを示し、本地垂迹すなわち「仏の神化」とは、外部の他者である仏を内部化するプロセスであったことを示した。[★3]
本書の前半で触れたグレイらの研究[★4]では、「神」を人間や動物やロボットと並ぶエージェントの一種として扱っているが、この論文の著者および実験参加者の所属文化から考えて、この神がセム的一神教の人格神であったことは明らかだろう。しかし、日本人研究者がこの論文を引用する場合、ほとんど議論することもなく、この「神」をアニミズム的な土着神に読み替えてしまうのである。例えば梁静らの論文[★5]では、このグレイの論文を参考にして複数のバーチャルエージェントの外見をデザインしているのだが、グレイの「神」に対応するバーチャルエージェントとして「仏像」を置いている。セム的一神教における人格神と、「仏像」とでは、先の佐藤の研究を引用するまでもなく、他者として、エージェントとして、あまりに違う概念である。

私は、「神」やその他の異類がＨＡＩ研究者によって扱われている以上、早急にそれらの概念を整理し、誤用や混乱を減らすように努めるべきであると考える。

1-5 「他者」を理解不能な無限である、ということを工学的に定式化する

1-3項でも述べたように、ＨＡＩ研究者の多くが偏愛する現象学は、他者を「私」にとっての価値という観点からのみ、手持ちの変数にのみ基づいて評価する。これに対して、他者とは「私」にとって「理解不能な無限である」と論じたのがレヴィナスである。

私がレヴィナスの定義に拘るのは、レヴィナスによる他者論にＨＡＩへの応用可能性を感じるからである。私は本書でここまで、他者を全くの「外部」から不意にやってくるも

のとして捉え、ロボットやAIをそのような他者性を持つ「異類」として理解することを論じてきた。小手川正二郎[★6]や大内暢寛[★7]によれば、レヴィナス「他者」(l'Autre)と「他人」を分けて考えており、さらに「他人」(autrui)と〈他人〉(Autrui)を区別している(表記は前掲の小手川・大内に従う)。

「他者」とは、本書でこれまで述べてきた「外部の他者」性に相当するものである。これは「私」とは明確に区別され、決して理解し尽くすことができない、見通すことができない無限である。「他人」とは広い意味での他者であり、〈他人〉とは実際に私たちの前に現れる、個別的・具体的な他者である。

これを工学的な言葉で言い換えるとこうなるだろうか。すなわち、〈他人〉とは「他者」のインタフェースであり、私たちが実際にインタラクションする時に接するエージェントである。「私」はこの〈他人〉をモデル化しようとするかもしれないが、それは決して完結しない。〈他人〉はインタフェースに過ぎず、その背後には無限の「他者」が控えているからである。そうであれば、「私」は〈他人〉のモデル化を諦め、ただそこに現れた個別的・具体的な他者と向き合うべきであろう。

では、「他者」という無限をどう考えるか。無限そのものは定式化できないとしても、それが「私」のいるこちら側と接する時に見せる振舞いは、「背後に理解不可能な無限がある」というまさにそのことによってある程度定式化できるはずである。例えば、人間の一見非理性的な振る舞いを記述するために近年導入されている量子論モデル★8や、私たちが以前、マンガ・アニメにおけるデータベース理論★9を反駁するために用いたラフ集合誘導束モデル★10などが、候補として挙げられるかもしれない。

1-6 「私」の特異性を前提に考える

HAIにおいては、常に「他者」にスポットが当たってきた。それに対して、私は本書で人工知能的HAI・自然知能的HAI・天然知能的HAIという概念を導入するに当たり、「私」に対する他者の位置づけについての視点に立脚した。

そもそもこれまでHAI研究の主流だった人工知能的HAIでは、世界の中心としての「私」の存在は自明の前提とされてきた。もう一度繰り返しておくと、この研究姿勢では、「私」にとって認識可能なもののみが世界の全てであり、かつ世界の中のあらゆる対象は、「私」によって解釈されて価値付けられることによって、世界の中の位置を占める。この姿勢に立つ研究者にとっては、「他者」すらも、そのように「私」によって解釈されて位置づけられる対象でしかない。

しかし、このような「私」観は、ロボットやＡＩに関する倫理的問題を考える場合、非常に大きな問題を孕んでいる。本書で何度も触れた「説明可能ＡＩ」の矛盾は、そのわかりやすい例である。「説明可能ＡＩ」とは、ＡＩの情報処理プロセスをユーザにも理解できるように可視化しようという、ある種の倫理的な問題意識から発したものである。しかし、すでに述べたように、ＡＩにとっては「私」は世界の中心であり、世界の全ての要素に対する解釈の基準となるものである。そのＡＩの情報処理過程を「説明可能」にしようというのは、世界の中心の基準点を抜き取って、そこに別の「私」を当てはめようとすることに等しい。そんなパズルみたいな芸当はできるわけがない。説明可能ＡＩは、現状では、単なる一種の修辞学以上のものにはなれないだろう。

なお、ＥＵは二〇二一年にＡＩ規制案を発表したが、その中では「完全に自動的なシステム（例えばＡＩ）によって重大な評価（司法判決など）を下されることがない」権利を法的に擁護することが含まれており[★11]、アメリカにおいても議論されつつある。その大きな根拠としては、「評価された人間には反論する権利が保障されていないといけない」ということにある。ＡＩによって司法判決が下された場合、判決を下された者はたとえ異議があったとしても、そのＡＩのアルゴリズムに精通していなければ有力な反論ができないかもしれない。ＥＵなどでは、このような事態を根本的に回避しようとしているのだ。

説明可能ＡＩを活用すれば、この問題は解決できると見通す研究者もいる。しかし、ＡＩの思考を人間に理解可能でかつ正確に記述することが難しい以上、この問題は解決できないのではないかと思われる。

「人とロボットのインタラクション」というものを考える場合も、実際に想像可能なのはあくまで「「私」とロボットのインタラクション」である。「私」は「私」以外の誰にもなれない。よって、「私」とロボットとの関係も、「私」の特異性に常に立脚したものになる。人工知能的ＨＡＩ・自然知能的ＨＡＩ・天然知能的ＨＡＩのどのアプローチを取るにせよ、この「私」の特異性は常について回る問題である。つまり、あくまで「私」にとって、いま目の前にいるロボットは他者なのか、単なる機械の塊なのか、実は背後で人間が操作しているのか――ここが全ての出発点なのである。

1-7　普遍的なシステムではなく、個別的なエージェントを志向する

これは、前節の「私の特異性」という問題とも深くかかわる題目である。ＨＡＩでは現

状、実験心理学的な、つまり統計的なアプローチが主流になっているため、いわば「最大多数に最大の利益を与えるエージェント」が志向されている。

まず、ユーザモデリング研究を、ごく簡単に外観しておこう。「ユーザ」の行動をどのように記述し、それを設計論にどのように組み込むかを考えるユーザモデリングは、まずは消費者研究の分野で発展し、計算機、特にウェブの発展に伴って、情報工学の大きな研究テーマの一つとなった。人が使うことを想定して作られる製品やサービスは、設計段階でどのような人が、どのような状況で使うのかを想定することが推奨される。

よく知られているのが「ペルソナ法」である。[★12] これは、その製品やサービスを使う具体的なユーザを、年齢や性別から職業、家族構成、価値観や性格まで細かく想定するというものである。これは一種の仮想エージェントであると言っていいだろう。この手法が推奨される理由は、個別的・具体的なユーザを想像することによって、そのユーザの立場に立って要求やニーズを明確にイメージできるからであるとされる。この手法自体の評価はさておき、個別的・具体的な他者をイメージすることが、多数の人間が使う製品・サービスを作る際に推奨されるというのは興味深い。

一方、情報工学・特に人工知能を用いたユーザモデリングでは、ユーザの属性や履歴からユーザのニーズを推定することが主要な研究テーマとされてきた。レコメンドシステムは、その顕著な例である。

このような工学的ユーザモデリングでは、一見統計的に見積もられる普遍的なユーザではなく、個別的・具体的なユーザを志向しているように見える。が、実際はそうではない。それは、このようなシステムのアルゴリズムは、ほとんど全て人工知能的に（基本的には機械学習を用いて）書かれているからである。本書の中で繰り返し述べてきたように、人工知能的なシステムとは、「私」を常に世界の中心に置き、世界の中に存在するあらゆるものは、「私」の持つ変数によってのみ評価される。レコメンドシステムなどで作られる「ユーザモデル」も、このようにして、「私」の経験や履歴から生み出されるもの、すなわち完全に「私」の内部に属するものに他ならない。そのため、「私」にとって全く予想外の行動をするユーザ、といったものは、決して想定できない。レコメンドシステムにおいて、決して予想外の本を推薦してもらえないのと同じことだ。

特にＨＡＩで導入される他者モデルは、ほとんど全てが決定論的に記述されている。そのモデルの数式の根拠は、基本的には参加者実験の結果を平均化して得られたものである。つまり、一見特定のユーザに適応するシステムであるように見えて、実際には統計的に得られた「最大多数の最大利益」に基盤を置くものである。

もちろん、機械学習を用いることによっても、ある程度は見かけ上、特定のユーザに適応したロボットやエージェントを作ることはできるだろう。しかし、それに基づく関係は長続きしないということは、ヒューマノイドロボットの壮大な失敗の歴史が物語っている。長期間に亘って、あるいは生涯を通じて使われるようなロボットやエージェントは、常にユーザの予想を裏切ることが求められるはずだ。予想を裏切るとは、ユーザ側から見れば、「私」が世界の中心であるという信念を常に揺るがし、私の持っているモデルや評価基準を無効化していくということである。

「個別的なユーザと対峙する個別的なエージェント」とは、本来はそのようなものではないだろうか。私たちは他者と対峙する時には、常に個別的・具体的な他者と対峙する。ペルソナ法が、仮想的であっても個別的・具体的な他者をイメージすることを求めるのは、このことを念頭においているからではないだろうか。計算機やウェブを通じて誰かと対峙する場合、私たちはその原則を忘れて、人工知能で予測できる普遍的な他者を想定しているのではないだろうか。このような障壁を破ることも、ＨＡＩが取り組むべき課題の一つだろう。

2　「擬人化」で全て解決できるのか

　ここで一度節を改めて、もう一つ重要な問題について触れておきたい。

　HAIにおいて、「擬人化」は重要なキーワードだ。リブースとナスにとって、人間は家電製品や乗用車も擬人化して理解しようとすることが示された[★13]ことを受けて、HAIでは人間がロボットもしくはAIを「擬人化」する、ということを前提に研究が進められてきた。

　しかし、そもそも人間以外のものを「擬人化」するということは、倫理学では絶えず論争の的となってきたことである。HAIでは、その論争史に対してどのような立ち位置を取るのか、多くの研究者は立場を明確にしていない。

　そもそも、私たちはAIやロボットを「擬人化」する、という言い方をごく当たり前のようにしてしまっている。しかし考えてみれば、AIと人間・生物の間にはそれほど相同関係があるのだろうか。人間の感覚や思考の能力を、機械のセンサーや演算能力に投影することはできるかもしれない。しかし、人間は寿命があり、ということは生死の概念があり、また生殖を行う。また、自他の境界がはっきりと存在する。これらの背景には、人間が空間や時間に対する感覚を持っていることが前提としてある。

ではＡＩはどうだろうか。プログラムとしてのＡＩには、自他の境界はないだろう。ということは、空間に対する感覚は、（比喩的な意味ですら）想定できない。また、ＡＩには人間の生死の概念をそのまま適応することはできない。なるほど、ソースファイルが入ったハードディスクを物理的に破壊でもすれば、そのＡＩは「死」を迎えるかもしれない。だが、バックアップがあれば、ただちに全く同じプログラムを再現することもできる。また自己複製的なＡＩに「生殖」の概念を投影することも可能かもしれないが、それにしてもそれは人間のような有性生殖のそれではないだろう。

要するに、ＡＩは表面的な振る舞いだけを見れば擬人化可能かもしれないが、その存在を存在たらしめている性質に着目すると、私たちの陳腐な「擬人化」のフィルターから滑り落ちてしまうのである。

実は私たちの身近に、これと似た性質を持つ生物がいる。植物だ。植物はもちろんＡＩと違って有機的生物に他ならない。しかし、例えばその生死の観念は、人間のそれを容易に当てはめることができない。一見枯れてしまったように見える植物でも、その組織はまだ生きているということもあるそうだし（冷蔵庫の野菜室に入れた野菜も、料理されるその時まで呼吸をしている）、根っこの一部だけが残っていれば、また生えてきたりもする。

生殖についても、彼らが動物と同じく生殖活動を行うのは間違いないとしても、種によっては自分自身と生殖をしたり（自家受粉）、接ぎ木などの無性生殖もできる。また、植物は物理的身体は持っているが、その感覚や思考能力を、少なくとも安易に想像することはできない。

よって、あくまで比喩的な意味で、「ＡＩの擬人化」というものを考える時に「植物の擬人化」をモデルとして想定することは無駄ではないだろう。

フロランス・ビュルガは、このような「植物」に対する擬人化を批判する。[★14] 近年植物個体同士のインタラクションや、植物の外界認識能力などに関する研究成果が蓄積されたことにより、「植物も感情を持つ」「植物も認知的能力を持つ」といった主張がなされるようになってきた。ビュルガは、これを不当な擬人化だとする。

ビュルガは、「類似」によって他者を理解しようとすることを牽制する。例えば、植物は生殖器官を持つ。人間の生殖器官と植物の生殖器官は、機能的には類似している。しかしだからといって、植物に愛や性欲といったものがあるとは言えない。そこに実際に見られるのは、あくまで「機能」の「類似」でしかない。

機能と目的を分けるべきであるのと同様に、ビュルガはショーペンハウアーを引いて、「意思」と「意識」も区別しないといけないと説く。ショーペンハウアーは、植物には日当たりのいい場所に枝を伸ばすというような「意思」はあっても、「意識」があるとは言えないと説く。★15 意思・意識・感情・感覚が全て同時に存在するというのは、私たちの先入観に過ぎない。

先述のように、ＡＩはある意味、他者として「植物」によく似ていると言えなくもない。私たち人間とは全く別の様式を持つ存在でありながら、私たちはその出力と、人間の行動との間に「類似」を見て取って、そこから意思・意識・感情・感覚をＡＩに反映させようとする。ＨＡＩとは、実はこのような私たちの「擬人化したがる」傾向を逆手にとって、ロボットやＡＩを人間に擬人化させようとする技術であるとも言える。

だが、植物を過度に擬人化すると植物本来の特性を見失いかねないのと同じように、ロボットやＡＩも過度な擬人化によって、その本来の特性を誤解されることになりかねない。

例えば、ＡＩは「経験」をするか、ということを考えてみよう。私たちにとって、主体が経験をすることは自明のことである。そのため、ＡＩも当然経験をすると考え、そのようなものとして理解しようとする。しかし、経験をするためには、自他の明確な区別があり、時間の感覚があり、自分が何かを知覚・感覚したということを自覚できる必要がある。そしてＡＩは、このどれも満たしていない。よって、ＡＩが経験をするとは、現段階では言えないだろう。

私はＡＩが経験をするかどうかという問題にこだわりたいわけではなく、ユーザが「ＡＩとは経験をしないものだ」と理解するようにインタラクションをデザインするほうが、単純な擬人化に頼るよりも、社会にとって有用なのではないかということを言いたいのだ。「経験」という一見自明な概念一つとってみても、人間とＡＩとの間には差異があるということを人間が意識するようになれば、人間とＡＩとの分業や協働はよりスムーズに進むはずである。

3　分析せず、ただ対峙する

荘子は、道具を使うことによって生じる、単一の変数の値のみを上げようとする行動基準である「機心」を批判した。その荘子の機心批判を受け継いだ鈴木大拙は、「不意に現れた客人を自然ともてなすこと」を理想的な姿勢とした。大切なのは「不意に」ということである。前もって何も予見せず、何のモデルも用意しないままに他者に対するということである。それはすなわち、分析的な思考を一切捨て、ただ目の前にいる他者と対峙するということである。ＨＡＩ研究者は、ともすれば「どうすればロボットと人間はわかり合えるのか」といったことを考えようとするが、わかりあえるか／あえないかといった、あくまで「私」を中心とした分析的思考はここでは何の意味も持たない。他者モデルも、説明可能性も、必要ない。「不意に」現れた「外部の他者」とただ向き合うこと、それだけが意味あることなのである。

矢寺圭太によるマンガ『ぽんこつポン子』に登場するロボットは、外部の他者性を保ったまま人間に受け入れられるという姿勢を体現している。ヒロインであるロボット「ポン子」は家政婦ロボットだが、タイトル通り、なかなか役に立つことができない。半ば強引にこのロボットを押し付けられた主人公の老人は、「自分のことは自分でできるから、家政婦なんか必要ない」と拒絶しようとする。それに対するポン子の答えが、

「私……イオン流せます!!★16」

というもので、手首からマイナスイオン（?）を流し始める。

「役に立つか、立たないか」という分析的な問いを無効化し、他者にとってモデル化可能な内部の中に収まることを拒絶し、ただただ他者と対峙するというこの姿勢、これこそが私たちが作るべきロボットである。

★1　大澤正彦『ドラえもんを本気でつくる』PHP新書、二〇二〇年。

★2　郡司ペギオ幸夫『天然知能』（講談社選書メチエ、二〇一九年）など。

★3　佐藤弘夫『起請文の精神史――中世世界の神と仏』講談社選書メチエ、二〇〇六年。

★4　Gray, Heather M., Kurt Gray, and Daniel M. Wegner, (2007) "Dimensions of Mind Perception.", *Science* 315(5812): 619.

★5　梁静＋山田誠二＋寺田和憲「オンラインショッピングにおける商品推薦エージェントの外見とユーザの購買意欲との関係」『ヒューマンインタフェース学会論文誌』一七巻三号、二〇一五年、三〇七－三一六頁。

★6　小手川正二郎『蘇るレヴィナス――『全体性と無限』読解』水声社、二〇一五年。

★7　大内暢寛「『時間と他なるもの』における他者論」『他者をめぐる思考と表現：日仏間の文

化的移行＝Penser et représenter l'Autre: transfert culturel entre la France et le Japon』二〇一七年、六七－七六頁。

★8　全卓樹「量子意思決定論について（基研研究会 量子科学における双対性とスケール 研究会報告）」『素粒子論研究』（一一九巻4A号、二〇一二年、D87－D93）などが初学者には参考になる。

★9　マンガやアニメのキャラクターは、「データベース」に蓄積されている記号的要素の組み合わせによって無限に再現可能であるとする、還元主義的な主張。私たちは後述の論文において、実際にはキャラクターは単純な組み合わせの規則に従わないことを示した。

★10　Matsui, Tetsuya, and Yukio-Pegio Gunji, (2021) "Experimental Disproof of a Manga Character Construction Model.", *Symmetry* 13.5: 838. また、ラフ集合誘導束については Gunji, Yukio-Pegio; Haruna, Taichi, (2010) "A Non-Boolean Lattice Derived by Double Indiscernibility" In James F. Peters et al. eds., *Transactions on Rough Sets XII.* Springer: 211-225を参照。

★11　Europian Comission "Europe fit for the Digital Age: Commission proposes new rules and actions for excellence and trust in Artificial Intelligence" https://ec.europa.eu/commission/presscorner/detail/en/ip_21_1682（二〇二二年二月一七日閲覧）。

★12　Brangier, Eric, and Corinne Bornet, (2011) "Persona: A Method to Produce Representations Focused on Consumers' Needs", *Human Factors and Ergonomics in Consumer Product Design.* CRC Press: 37-61.

★13　バイロン・リーブス＋クリフォード・ナス『人はなぜコンピューターを人間として扱うか――「メディアの等式」の心理学』細馬宏通訳、翔泳社、二〇〇一年。

★14　フロランス・ビュルガ『そもそも植物とは何か』田中裕子訳、河出書房新社、二〇二一年。
★15　ショーペンハウアー『意志と表象としての世界』１－３、西尾幹二訳、中公クラシックス、二〇〇四年。
★16　矢寺圭太『ぽんこつポン子』１、小学館、２０１９年。

おわりに

二〇二〇年に発生したCOVID-19（新型コロナウイルス感染症）の世界的流行という未曽有の事態は、ＨＡＩ研究の世界に大きな影響を与えた。それまでこの分野の中心的な研究手法だった、研究室内での参加者実験、および学校や商業施設などでの実証実験が、簡単には行えなくなったからである。本文中でも述べたように、オンライン実験の導入が広まるなど、この事態に対する対応は二〇二二年三月現在でも手探りで進められている。

同時に、大学に所属する研究者にとっては、それまでの学生指導や授業の形態を変えなければいけないという問題にも直面することになった。全国的にオンライン実験が導入され、二〇二〇年度などは一度も大学に登校できない学生まで出現する事態となったことは、メディアなどで報じられた通りである。そしてこのような傾向は大学だけにとどまらず、多くの企業や学校がリモートワーク・リモート授業を導入する羽目に陥った。

当初、ロボット工学・情報工学分野の中には、むしろこのことをチャンスととらえようとする動きもあった。そもそも、リモートワーク・リモート授業の導入というのは、以前より盛んに取り組まれていた研究テーマである。これを機に技術の需要は高まるだろう。COVID-19の流行を機に世間の「オンライン化」は一気に進み、おそらくは感染流行の終息後もそのまま定着するだろう。実際のオフィスや教室などは、もう必要なくなるのではないか。技術的には、これまでだってやろうと思えばできたことだ。これを機会に、社会のリモート化を一気に進めようではないか……。

実際には、そんな一部の研究者の目論見とは、全く逆の結果が顕現しつつあるように思われる。感染拡大が止まらなくても、リモートワーク・リモート授業の技術的環境が整っても、人出はさして減らなかったのである。

私は、二〇二〇年度の前半、多くの学校や企業が否応なしに一時的にリモートワーク・リモート授業に全面切り替えを余儀なくされたことによって、むしろ多くの人々が、それまで無意識に享受していた「マテリアル性」の重要性に気が付いたのではないかと思う。

大学で授業を受けることの本質は、実は授業内容そのものにあるのではない。自ら身体を動かして大学に足を運び、教室内のどの席に座るかを考えて座り、教員の話ぶりや手振りに目を止め、かさばる教科書やレジュメをカバンの中に詰め込んで持ち帰る、そのような現実の物質＝マテリアル性と結びついた経験が、実は重要だったのではないか。

私自身の大学生時代を思い返してみても、印象に残っているのは授業そのものではなく（大学教員としては問題発言かもしれないが）、考え事をしながらキャンパス内を歩いたことや、図書館に調べものをしに行ったことや、研究室で指導教官や先輩たちと一緒にコーヒーを飲んだことなどである。これらは全て、オンライン化によって切り捨てられてしまうものだろう。理想的なオンライン授業というものが、正しい授業内容という「データ」を配信することのみにあるとすれば、そこからはマテリアル性のみが持つ曖昧性・多様性・寛容性といったものが完全に抜け落ちることになる。リモートワーク・リモート授業が完全定着に至らなかったのは、否応なしに一度やってみたことによって、多くの人々がこのことに気が付いたからではないかと思う。

この思いは、幾度目かのCOVID-19の「波」を経験した二〇二二年三月現在、ますます強くなっている。マテリアル性を持たないデータだけの世界でどのようなことが起こるのかと考えたとき、それがSNS上における人々の分断という形で可視化されているように思えるのである。

本来、ＳＮＳは「人と人を繋ぐ」ものとして期待され、歓迎された。しかしその結果起こったことは、「データ」による人々の分断だった。コロナウイルスやワクチンに関する様々な見解や意見の相違は、人々の対話を促進するのではなく、自らと異なる意見を持つ他者への排他性と攻撃性を助長している。もちろんこれはCOVID-19のみに限ったことではなく、様々な話題について見られる。対話相手をマテリアル性のある人間ではなく「データ」として認識することは、自分の好む「データ」にのみアクセスし、自分の主張の論拠を強化することだけに特化する「機心」を育てるのである。

本書で論じてきた他者モデルに代表される頑健なモデル化志向は、世界を「私」にとって解釈可能なデータの集合とみなし、モデル内に取り込めないものは全て切り捨てるという姿勢である。そこには、本来の他者が持っている曖昧性・多様性・寛容性を書き込むことはできない。そもそも他者とは、レヴィナスの言葉を借りれば、「私」にとって見渡すことのできない無限である。しかし、それは工学的に手に負えないような無限、工学者にとって無意味な無限ではない。他者は「私」にとって決して手が届かない存在であるからこそ、その立場から「私」と戦い、「私」を告発するのである。リモートワーク・リモート授業によって切り捨てられようとしたマテリアル性と、この他者の無限性を担保するものは、きっと同じものだろう。それを安直にモデルの中に落とし込まずに、分析的な姿勢を捨ててあるがままに向き合うということは、「私」とその他者が背負ってきた過去を肯定することでもある。

「アイドルマスター　シャイニーカラーズ」というゲームの登場人物のセリフに、磁気テープに録音されたメッセージを指して「メッセージは同じでも、あの録音には今の時間が貼り付いている」というものがある。単なるデータとして扱っていては見えない過去の履歴が、物質としての記録媒体には実際には必ず貼り付いている。それはマテリアル性を有するものだけが持つ、データには還元できないものである。COVID-19の流行という経験は、この「貼り付いた今の時間」の実在性を浮かび上がらせ、私たちに突き付けた。ロボットやＡＩを他者として考えるには、まずはここから始めなければならないだろうと思う。

本書は、ＨＡＩ研究者である私が抱いたある種の「危機感」に突き動かされて執筆した。その危機感の中身は本文中で述べた通りだが、読者に私と同じ危機感が伝わっていたとしても、そうでなかったとしても、本書を読んだ経験が読者の中に蓄積されるのであれば本望である。

私は大学に属する研究者としてはわりと例外的な経歴を歩んできた。学生時代から何度も専攻を変えたり、一年半ほど研究の世界から全く離れたりといった落ち着かなさであったが、そんな私の履歴の中でも、私のやりたい研究をやらせてくれた早稲田大学の郡司ペギオ幸夫先生、ＨＡＩ研究分野に私を引き入れてくれた国立情報学研究所の山田誠二先生、職業研究者として生きるために必要なことを教えてくれた成蹊大学の小池淳先生には厚く感謝の意を表したい。信州大学の小林一樹先生、豊橋技術科学大学の大島直樹先生、大阪大学の高橋英之先生とは、「おばけ工学研究会」という集まりを共に立ち上げさせていただいた。本書の議論の多くは、この研究会で着想を得たものである。本書中で言及した私の研究の共同研究者の先生方や、学生の皆さんに多くを負っていることは言うまでもない。

青土社の村上瑠梨子さんには、本書の執筆に関して何から何までお世話になった。大変ありがとうございました。最後に、落ち着かない夫を優しく見守ってくれている妻と、学生時代からいつも議論につきあってくれている最愛の友人に、最大の感謝を贈りたい。

この後書きを書いている最中に、人工知能やロボットを含む「技術」が、政治と結びつくことで振るいうる暴力を示すニュースが流れてきた。こんな時代に、インタラクション研究には何ができるのだろうか。これは私たちインタラクション研究者が追求しなければいけない問いである。

二〇二二年三月
蔓延防止措置下の大阪にて著者記す

松井哲也（まつい・てつや）
1985年生まれ。専門はヒューマンコンピュータインタラクション、認知科学、コミック工学。神戸大学大学院理学研究科地球惑星科学専攻博士後期課程卒業（理学博士）。国立情報学研究所コンテンツ科学研究系特別研究員、成蹊大学理工学部情報科学科助教を経て、現在は大阪工業大学ロボット工学科特任講師。

ロボット工学者が考える「嫌なロボット」の作り方
ヒューマンエージェントインタラクションの思想

2022 年 5 月 20 日　第 1 刷印刷
2022 年 5 月 30 日　第 1 刷発行

著者　松井哲也

発行者　清水一人
発行所　青土社
東京都千代田区神田神保町 1-29　市瀬ビル　〒 101-0051
電話　03-3291-9831（編集）　03-3294-7829（営業）
振替　00190-7-192955

組版　フレックスアート
印刷・製本所　双文社印刷

装幀　山田和寛（nipponia）

Printed in Japan
ISBN 978-4-7917-7479-1　C0040